摄影用光

快速提升照片水平的

150

个关键技法

北极光摄影　编著

人民邮电出版社

北京

图书在版编目（CIP）数据

摄影用光：快速提升照片水平的150个关键技法 /
北极光摄影编著. -- 北京：人民邮电出版社，2019.10
ISBN 978-7-115-51805-7

Ⅰ．①摄… Ⅱ．①北… Ⅲ．①摄影光学 Ⅳ.
①TB811

中国版本图书馆CIP数据核字(2019)第180178号

内 容 提 要

　　摄影是光与影的艺术，没有光也就没有摄影。本书从基础知识和技巧实战两大方面介绍了如何掌握摄影曝光与用光方法。在曝光与用光基础知识部分，本书向各位读者讲解了曝光的控制方法，以及不同方向、不同时间、不同天气情况下光线的特点；在曝光与用光实战技巧部分中，本书从人像、风光、建筑、动物、植物、静物6个题材中总结出150个关键技法， 每一种技法均以图文并茂的形式，直观地展示出使用此技法后可以给画面带来的变化，从而让读者更容易理解并掌握摄影用光。

　　本书适合摄影爱好者，尤其是在用光方面遇到瓶颈的摄影爱好者参考阅读，对于有一定经验的摄影师，本书也同样适用。

　◆　编　著　北极光摄影
　　　责任编辑　张　贞
　　　责任印制　周昇亮
　◆　人民邮电出版社出版发行　　北京市丰台区成寿寺路 11 号
　　　邮编　100164　　电子邮件　315@ptpress.com.cn
　　　网址　http://www.ptpress.com.cn
　　　北京印匠彩色印刷有限公司印刷
　◆　开本：690×970　1/16
　　　印张：11.5　　　　　　　　　　　2019 年 10 月第 1 版
　　　字数：341 千字　　　　　　　　　2019 年 10 月北京第 1 次印刷

定价：59.00 元
读者服务热线：(010)81055296　印装质量热线：(010)81055316
反盗版热线：(010)81055315
广告经营许可证：京东工商广登字 20170147 号

前言

曝光与用光在摄影中无处不在，每次按下快门时都需要确定合适的画面亮度，这就是在控制曝光。一提到用光，很多读者都会面露难色，认为"用光"这门功课太过深奥，故而心生畏惧，不敢去尝试理解、运用光线。

数码单反相机除了自动挡是完全由相机控制曝光外，在使用其他拍摄模式时，都或多或少需要拍摄者来手动控制画面的曝光。一张照片亮度是否正常、主体 的动作是否清晰或动感、画面景深是大还是小等等这些，都是曝光控制的结果。

影响以上所说内容的因素，便是光圈、快门速度、感光度、曝光补偿等，它们都是曝光的组成。摄影初学者只有在理解透它们是如何影响画面效果的情况下，才能在拍摄时随心地拍出想要的画面效果。

那么用光又是什么呢？很多读者都认为"用光"这门功课太过深奥，难以理解光线，更别提灵活运用了。

光线虽然看不到、摸不着，但光线照射在物体上的效果却是可见的，而这种"效果"简单地说就是"明暗"，不同种类的光线其实就是根据它照射到景物上的明暗分布不同来进行区分的。因此，用光就可以理解为控制画面明暗的方法。

柔和的光线会让明暗过渡更自然；偏硬的光线则可以让明暗之间有明显的分界线；顺光阴影较少，逆光适合表现轮廓等，这其实就是用光。

因此，用光并不高深。事实上，从某种角度上来说，确定合适的画面亮度，即控制曝光，也属于用光的范畴，它是用光的基础，只有合适的曝光才能表现出光线在一个场景中的作用。

为了让读者更容易地掌握书中讲解的内容，笔者将需要重点理解的文字用黄色标出，排版的风格也采用笔记的形式，让读者在学习本书时就好像在阅读自己的笔记一样，重点、难点一眼可见，条理更清晰，心情也更放松。

相信各位读者在学习过本书之后，当再遇到摄影曝光与用光的问题时，可以胸有成竹，熟练运用各种光线拍摄出曝光准确的画面效果。

各位读者可以通过以下方式与作者进行互动，获得疑难问题的解答。

新浪微博：好机友摄影

微信公众号：funphoto

我们将在微博及微信公众号中定期发布新的摄影理念、精彩的摄影作品和实用的摄影技法，并不定期举办比赛。如果希望直接与编者团队联系，请拨打电话13011886577。

编者

[步骤2]
认识不同光线的特点

[步骤3]
理解画面的影调

第 2 章
曝光与用光技巧实战
——人像

目录

第 **3** 章

曝光与用光技巧实战
——风光

第 **4** 章

曝光与用光技巧实战
——建筑

第 **5** 章

曝光与用光技巧实战
——动物

第 **6** 章

曝光与用光技巧实战
——植物

第 **7** 章

曝光与用光技巧实战
——静物

第 1 章

曝光与用光基础知识

如何考虑曝光与用光

"曝光"一词是摄影中的专业名词，通俗地讲，曝光就是控制画面亮度的方法。画面太亮了，就是曝光过度；画面太暗了，就是曝光不足；画面的亮度正常，或者符合摄影师预想中的效果，那么就称为正确曝光。

"用光"一词虽然显得更为深奥，但同样可以简单地理解为控制画面中的明暗分布。无论是不同方向的光线，还是不同性质、不同时间的光线，表现在画面中的其实都是明暗分布的不同，这样就将很难理解的"用光"转化为可以看得到的明暗了。在考虑用光时，只需要确定想让画面中哪里亮、哪里暗，然后选择合适的光线来表达就可以了。

因此曝光与用光之间也就产生了联系。只有合适的曝光才能让画面中的明与暗呈现摄影师想要的效果，否则即便光线已经营造出了预想中的明暗分布，但由于曝光不准确，画面中的光影效果也会荡然无存。

比如下图中的剪影画面，是很多摄影师都热衷的拍摄题材，通过黄昏低角度而又柔和的逆光可以突出人物的轮廓美。但如果曝光控制不当，背景中的天空可能会曝光过度，而作为主体的人物剪影则会出现细节，导致画面中的轮廓美大打折扣，不能很好地表现拍摄意图。所以，曝光是用光的基础，只有掌握了正确曝光的方法，才能运用不同的光线拍摄出明暗效果不同的画面。

以剪影效果为例，只有曝光准确并且光线的方向和质感合适，才能拍摄出天空有细节的唯美剪影画面

⚙ 焦距：50mm ◆ 光圈：f/8 ◆ 快门速度：1/500s ◆ 感光度：ISO 100 ◆ 曝光补偿：0 EV ◆ 测光模式：点测光 ◆ 曝光模式：快门优先

曝光与用光学习路线

正如上文所述，只有掌握了在各种环境下正确曝光的方法，才能够将光线营造的画面明暗在照片中表现出来。因此，学习如何曝光是掌握用光方法的基础，也是整个摄影学习的基础。

当掌握了曝光方法后，就可以开始学习光线的性质——柔光与硬光。柔光与硬光会为画面营造出不同的明暗效果，这部分内容会比较理论，但却是理解用光的核心。而所谓的不同天气、不同时间的光线，其最重要的区别其实就是光线性质和光线方向的不同。因此，学习用光理论要牢牢抓住光线性质与方向这两点。

在对光线有一定了解之后，就可以利用它拍出预期的明暗效果了。"明暗效果"用专业一些的语言来表达就是影调。不同的影调可以为画面赋予完全不同的视觉感受，而影调则是通过光线来控制的。因此，摄影用光最终将体现在画面的影调上，也就是明暗效果，正如在简介1中提到的：用光可以简单地理解为控制画面中的明暗分布。

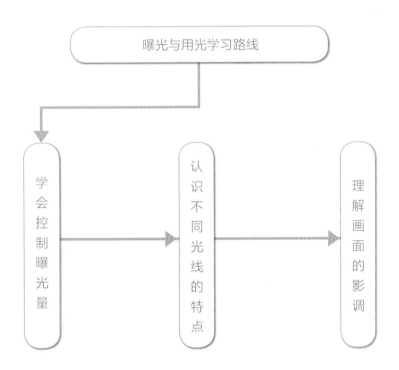

步骤 1

P13～37

学会控制曝光量

曝光是用光的基础，只有画面的曝光正确，才能展现出精妙的光影效果

认识不同光线的特点要抓住光线的性质与方向这两点。不同天气、不同时间，甚至是不同灯光的光线，其特点均与光线的性质和方向有关

步骤 2

P38～64

认识不同光线的特点

步骤 3

P65～73

影调其实就是指画面中的明暗分布，而摄影用光最终将体现在画面的影调上。能够通过光线营造出不同的明暗效果，也就理解了光线对于摄影的重要意义

理解画面的影调

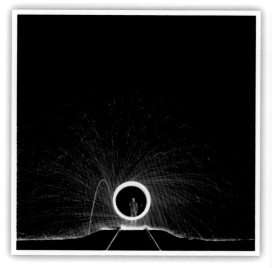

步骤 1

1

学会控制曝光量

了解什么是曝光

光影是摄影的灵魂，作用重大，可以通过控制曝光得到合适的画面亮度和更好的光影效果。在胶片时代，曝光就是指使相机胶片或感光纸在一定条件下感光，通过曝光与感光材料产生一定的化学反应，经过冲洗、处理后即可呈现影像。在数码时代，通过让数码相机的感光元件曝光，并经过图片信号转存至存储卡，从而形成影像。

⊃ 焦距：200mm ◆ 光圈：f/10 ◆ 快门速度：1/1000s ◆ 感光度：ISO 100 ◆ 曝光补偿：-0.7 EV ◆ 测光模式：点测光 ◆ 曝光模式：光圈优先

⊂ 焦距：85mm ◆ 光圈：f/2.8 ◆ 快门速度：1/500s ◆ 感光度：ISO 100 ◆ 曝光补偿：+0.5 EV ◆ 测光模式：点测光 ◆ 曝光模式：光圈优先

没有正确的曝光，只有合适的曝光

照片的曝光参数值没有固定的标准，一张照片是否"准确"曝光，主要看摄影师是否表达出了自己的思想和是否准确表现了照片的主体。在不同的光线环境和表达需求下，不同的曝光参数组合会产生视觉感受完全不同的画面效果。

在没有特别要求的情况下，准确曝光也可以获得理想的画面效果。经过相机的曝光拍摄后，所得到的影像质量符合或基本符合摄影师的意图和需求，即可被认为是准确的曝光。

在需要表现特殊的画面效果时，可以通过刻意地调整曝光来实现，这就需要拍摄者掌握曝光的各项技术，灵活运用不同的曝光组合，形成不同的画面效果，表达不同的拍摄主题，以突出作品的独特风格。

利用点测光模式使画面获得准确曝光，呈现出色彩绚丽、意境幽谧的画面效果

⊙ 焦距：100mm ◆ 光圈：f/5.6 ◆ 快门速度：1/8s ◆ 感光度：ISO 400 ◆ 曝光补偿：0 EV ◆ 测光模式：点测光 ◆ 曝光模式：光圈优先

控制曝光的三个要素

准确曝光是获得理想画面效果的基础，控制曝光的三个主要因素是：快门速度、光圈和感光度。

快门速度可以控制光线进入相机时间的长短，光圈控制镜头进光量的多少，感光度控制感光元件对光线的敏感程度和画面质量，三者互相结合才能获得准确的画面曝光。

拍摄雪景时，要增加曝光补偿，这样画面才明亮

○ 焦距：28mm ◆ 光圈：f/10 ◆ 快门速度：1/200s ◆ 感光度：ISO 100 ◆ 曝光补偿：+1 EV ◆ 测光模式：中央重点测光 ◆ 曝光模式：光圈优先

快门速度对曝光及画面效果的影响

快门速度是控制画面曝光的重要因素之一，拍摄时控制快门速度的不同，会产生不同的画面效果，尤其是对于运动的物体，不同的快门速度还可以产生特殊的画面效果，而且直接影响画面的亮度。所以，在对于不同的状态的拍摄对象时，选择不同的快门速度所获取的效果也不同。例如，在拍摄动态物体时，较快的快门速度可以抓拍瞬间，较慢的快门速度则可以记录下运动轨迹。

利用长时间曝光得到的瀑布画面，水流丝丝缕缕、缥缈灵动，呈现如仙境般的视觉感受

○ 焦距：35mm ◆ 光圈：f/16 ◆ 快门速度：1.5s ◆ 感光度：ISO 100 ◆ 曝光补偿：−0.7 EV ◆ 测光模式：矩阵测光 ◆ 曝光模式：快门优先

高速快门抓拍瞬间动作

利用高速快门可以抓拍运动物体的瞬间。一般拍摄飞翔的鸟儿时都使用高速快门，因为鸟儿的飞行速度较快，为了将飞鸟飞行的姿态捕捉在画面上，需要使用高速快门，并结合较小的光圈，以确保得到清晰范围较大的景深，同时还要采用快速对焦的方式，不仅要将飞鸟的姿态真实地表现出来，还要让被摄体真实存在于画面中。

高速快门和较小光圈拍摄的飞鸟画面，摄影师选择了简单的背景突出被摄体

⊙ 焦距：300mm ◆ 光圈：f/6.3 ◆ 快门速度：1/1250s ◆ 感光度：ISO 400 ◆ 曝光补偿：0 EV ◆ 测光模式：点测光 ◆ 曝光模式：快门优先

低速快门记录车灯痕迹

想要将车灯拍摄成线条状需要长时间快门速度来记录车灯流动的轨迹，所以拍摄时一定要配合三脚架，才可确保画面清晰，以达到理想的效果。

长时间的曝光会使画面进光量增多，而夜晚繁杂、灯又较多，为了防止不利因素干扰画面效果，最好配合使用小光圈，以减少光线的进入量。

利用长时间曝光和小光圈记录下的车灯痕迹

⊙ 焦距：15mm ◆ 光圈：f/14 ◆ 快门速度：30s ◆ 感光度：ISO 200 ◆ 曝光补偿：+2 EV ◆ 测光模式：点测光 ◆ 曝光模式：快门优先

光圈对曝光及画面效果的影响

　　光圈主要是控制进光量多少的装置，在相机上通常用"F"来表示光圈的大小。光圈的F值越大，在同一单位时间内的进光量越少。例如，光圈从f/4调整到f/5.6，进光量便少一挡，也就是说光圈缩小了一级。在其他参数相同的情况下，光圈越小，景深越大，画面越暗。

设置大光圈拍摄出来的小景深画面，给人感觉简洁明了

　⚪ 焦距：100mm ◆ 光圈：f/1.8 ◆ 快门速度：1/640s ◆ 感光度：ISO 200 ◆ 曝光补偿：0 EV ◆ 测光模式：点测光 ◆ 曝光模式：光圈优先

大光圈得到小景深画面

光圈的大小直接影响景深，光圈越大，景深越小。在日常拍摄中经常用到大光圈，尤其是突出比较小的被摄物或是在较杂乱环境中虚化掉不利因素突出被摄主体时。同时，较大的光圈也能得到较快的快门速度，从而提高手持拍摄的稳定性。

在较小的景深里，不利的背景被虚化掉了，主体更加突出

○ 焦距：70mm ◆ 光圈：f/2.8 ◆ 快门速度：1/125s ◆ 感光度：ISO 200 ◆ 曝光补偿：-0.3 EV ◆ 测光模式：点测光 ◆ 曝光模式：光圈优先

小光圈得到清晰的风景照

利用光圈控制景深的特点，光圈越小，景深越大，拍摄风景照时最好使用小光圈，这样画面看起来前、后景都会很清晰。如下图所示，画面干净、明亮，远处的细节表现得非常细腻、清晰。

设置成小光圈拍摄的风景照，景深很大，整个画面前后都很清晰

○ 焦距：15mm ◆ 光圈：f/10 ◆ 快门速度：1/125s ◆ 感光度：ISO 200 ◆ 曝光补偿：+0.5 EV ◆ 测光模式：矩阵测光 ◆ 曝光模式：光圈优先

感光度对曝光及画面效果的影响

感光度也是控制曝光的一种方式，用ISO来表示。数码相机的感光度表示感光元件对进入机身光线的敏感程度。感光度越高，说明感光元件对光线越敏感，画面的亮度就越高，但是画面质量也随之降低。因此，在拍摄时，要根据实际光线情况选择最佳的感光度值，才能达到理想的画面效果。

低感光度的画面比较细腻，画面质量也较高，
拍摄时尽量选择低感光度进行拍摄

⚲ 焦距：70mm ✤ 光圈：f/5.6 ✤ 快门速度：1/100s ✤ 感光度：ISO 200 ✤ 曝光补偿：-0.3 EV ✤ 测光模式：点测光 ✤ 曝光模式：光圈优先

高感光度拍摄弱光美景

当拍摄环境光线比较暗，光圈已经调整为最大光圈，快门速度降低到可允许的最低限度，但画面依然亮度偏低时，就需要增加感光度来获得亮度合适的画面。如下图所示，傍晚时分，拍摄时光线已经不充分了，如果想得到清晰的画面，又没有三脚架固定相机，就可以提高感光度，以较高的快门速度拍摄，这样既不会因为手抖导致画面模糊，画面的亮度也可以达到理想的效果。

在较暗的拍摄环境里可以选择提高感光度，以确保足够的快门速度使画面清晰

○ 焦距：20mm ◆ 光圈：f/14 ◆ 快门速度：1/320s ◆ 感光度：ISO 800 ◆ 曝光补偿：0 EV ◆ 测光模式：点测光 ◆ 曝光模式：光圈优先

低感光度画面细腻

在光线充足的情况下可以选择低感光度，这样出现的颗粒比较少，画面比较细腻，看起来层次也就显得丰富了。如下图所示，晴空下停落在花丛中的鸟儿，通过降低感光度拍摄，让画面中无论是鸟儿艳丽的羽毛，还是娇艳的花朵和翠绿的叶子，都表现得色彩饱满、层次丰富。

利用低感光度拍摄，画面非常细腻

○ 焦距：500mm ◆ 光圈：f/4.5 ◆ 快门速度：1/250s ◆ 感光度：ISO 100 ◆ 曝光补偿：0 EV ◆ 测光模式：点测光 ◆ 曝光模式：光圈优先

灵活运用光圈、快门速度和感光度拍摄不同效果

通俗来说，光圈、快门速度和感光度三者的组合关系可以用"接一盆水"来比喻。快门速度相当于控制打开水龙头的时间长短，光圈相当于水龙头的口径，控制出水量的多少，感光度相当于水盆的大小。在感光度固定的情况下，光圈和快门速度的组合就能控制出总水量，也就是曝光量的多少。光圈和快门速度是互相影响、互相制约的。如果需要得到最合适的曝光效果，就必须恰当地设置好这两种调节。如果更改光圈值使光圈变小，就要将快门速度设置得慢些。反之，如果想要光圈变大，快门速度就要设置得更快一些。不同的快门速度和光圈大小的组合可以得到一样的曝光量，不过因为不同光圈形成的景深不同，不同的快门速度对运动物体的抓拍效果也不同，所以拍摄出来的画面效果也是不一样的。

如下图所示，虽然这 4 幅图设置了不同的光圈和快门速度，但曝光量是相同的（图像亮度相同），还呈现了不同的画面效果。

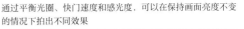

通过平衡光圈、快门速度和感光度，可以在保持画面亮度不变的情况下拍出不同效果

⌖ 焦距：70mm ◆ 光圈：f/2.8 ◆ 快门速度：1/40s ◆ 感光度：ISO 100 ◆ 曝光补偿：0 EV ◆ 测光模式：矩阵测光 ◆ 曝光模式：手动模式

⌖ 焦距：70mm ◆ 光圈：f/4.5 ◆ 快门速度：1/15s ◆ 感光度：ISO100 ◆ 曝光补偿：0 EV ◆ 测光模式：矩阵测光 ◆ 曝光模式：手动模式

⌖ 焦距：70mm ◆ 光圈：f/8 ◆ 快门速度：1/5s ◆ 感光度：ISO 100 ◆ 测光模式：矩阵测光 ◆ 曝光模式：手动模式

⌖ 焦距：70mm ◆ 光圈：f/18 ◆ 快门速度：1s ◆ 感光度：ISO 100 ◆ 测光模式：矩阵测光 ◆ 曝光模式：手动模式

使用AUTO模式快速设置曝光参数

　　数码相机提供了很多拍摄模式，其中AUTO模式是操作最简单的拍摄模式。对于初学者来说，使用这个模式，直接按下快门就可以获得一张照片，不需要设置烦琐的参数，在拍摄时，相机会自动根据被摄体选择合适的光圈大小、快门速度和感光值等。

　　由于AUTO模式属于"傻瓜"模式，有些特殊效果使用AUTO模式会显得力不从心。

使用AUTO模式可以很快地拍出想要的画面

ↄ 焦距：50mm ◆ 光圈：f/4
◆ 快门速度：1/125s ◆ 感光度：ISO 100 ◆ 曝光补偿：0 EV
◆ 测光模式：点测光 ◆ 曝光模式：光圈优先

程序模式（P）灵活组合曝光参数

　　相机上有一个类似全自动的模式，这就是程序模式。设置这个模式时，拍摄者可自由设置白平衡等参数，也可以选择不同的光圈和快门速度的组合。例如，在拍摄时选择f/4的光圈值，相机会根据现场光线自动选择合适的快门速度，如果选择调整光圈大小，相机也会自动调整快门速度。

　　使用程序模式拍摄，可以根据拍摄对象和想要表现的方式选择多种曝光组合。

利用程序模式拍摄简单方便，任何人都可以操作

ↄ 焦距：200mm ◆ 光圈：f/5.6 ◆ 快门速度：1/250s ◆ 感光度：ISO 100 ◆ 曝光补偿：0 EV ◆ 测光模式：矩阵测光 ◆ 曝光模式：光圈优先

光圈优先模式（Av）表现不同的景深效果

光圈优先模式是指拍摄者手动设置光圈大小，然后相机根据环境光线选择相应的快门速度以获取正常的曝光，通常用"Av"表示。

在日常拍摄中，此模式是常用模式之一。为了使被摄主体在画面中比较突出，拍摄时我们一般采用大光圈、长焦距获取小景深，以达到虚化背景的效果。同时，较大的光圈也能得到较快的快门速度，从而提高手持拍摄的稳定性。而在拍摄风景类照片时，则通常采用较小的光圈，让画面景深的范围增大，以便使远处和近处的景物都清晰地呈现出来。

拍摄人像时，使用合适的光圈，既可以虚化背景，又可以保留部分背景，美化画面

⌒ 焦距：24mm ◆ 光圈：f/5.6 ◆ 快门速度：1/1250s ◆ 感光度：ISO 100 ◆ 曝光补偿：0 EV ◆ 测光模式：点测光 ◆ 曝光模式：光圈优先

用光圈优先模式突出主体

　　由于光圈有控制景深大小的功能，在一些需要突出主体物的拍摄环境下就可以采用光圈优先拍摄模式，调整为较大的光圈，从而虚化掉一些不利于表现画面的因素，突出要表现的主体物。如下图所示，利用大光圈表现花朵，其花瓣、花蕊都清晰地呈现出来，不利的画面因素全部略去，使画面内容简洁、清晰。

利用大光圈把常见的物体拍摄得与众不同

　🎐 焦距：100mm ◆ 光圈：f/4 ◆ 快门速度：1/1600s ◆ 感光度：ISO 200 ◆ 曝光补偿：-0.7 EV ◆ 测光模式：点测光 ◆ 曝光模式：光圈优先

快门优先模式（Tv）表现不同的动态效果

快门优先模式是摄影师在手动设置快门速度的情况下，相机自动根据拍摄环境的光线设置相应的光圈值，以获取正常的曝光，通常用"Tv"表示。

快门优先模式多用于拍摄运动的物体，特别是在体育运动的拍摄中最为常用。为了抓拍到清晰的运动画面，可以选择较高的快门速度；而为了记录运动轨迹，则可以放慢快门速度，这时相机的光圈会随其变化而自行调整。

侧面射来的一束明亮光线，使整个画面呈现温暖的基调。长时间曝光得来的呈水雾状的流水如梦似幻，颇具山水画的意境

◐ 焦距：32mm ◆ 光圈：f/16 ◆ 快门速度：2.5s ◆ 感光度：ISO 100 ◆ 曝光补偿：0 EV ◆ 测光模式：点测光 ◆ 曝光模式：快门优先

凝固瞬间动态效果时使用快门优先模式

由于不同的快门速度可以记录不同的运动状态，所以在拍摄运动物体时，最好是使用快门优先模式。在拍摄运动物体时，如果获取的画面主体模糊不清，这是因为快门速度不够高，选择快门优先模式便可以避免这样的情况。

呈现剪影效果的画面中，蜻蜓透明的翅膀在夕阳的映衬下纹理清晰可见，可利用高速快门凝固这不可多得的魅力瞬间

◐ 焦距：200mm ◆ 光圈：f/4 ◆ 快门速度：1/500s ◆ 感光度：ISO 100 ◆ 曝光补偿：0 EV ◆ 测光模式：点测光 ◆ 曝光模式：快门优先

手动模式灵活掌控曝光

虽然数码相机提供了很多种简单方便的拍摄模式，但是对一些光线复杂、环境特殊的场景还是比较难以应付，无法根据固定的拍摄方式捕捉更具有意境的画面，不能表现摄影师的拍摄意图。这时最好根据现场的拍摄情况，有针对性地进行各种拍摄数值的设置。手动模式是较难操作的拍摄模式，但是可用于所有的拍摄题材，通过对各项参数的自由选择来展现出不同的画面效果。

光线明暗对比较大时，手动设置拍摄参数，才能表现出较好的画面效果

∩ 焦距：20mm ◆ 光圈：f/13 ◆ 快门速度：1/100s ◆ 感光度：ISO 100 ◆ 曝光补偿：0 EV ◆ 测光模式：中央重点测光 ◆ 曝光模式：手动

理解曝光补偿

曝光补偿也是控制曝光的一种方式。在某些环境下拍摄者要表现的对象比较特殊，而采取相机默认的曝光量无法获取理想的画面效果，这时就需要利用曝光补偿的方式对画面进行调整。

通常情况下，正向曝光补偿可增加画面亮度，让画面亮调的层次感更强；而负向曝光补偿则是减少画面亮度，让画面暗部的细节更富有层次感。

减少曝光补偿，使画面的剪影效果更浓郁

∩ 焦距：100mm ◆ 光圈：f/4 ◆ 快门速度：1/400s ◆ 感光度：ISO 100 ◆ 曝光补偿：-1 EV ◆ 测光模式：点测光 ◆ 曝光模式：光圈优先

特殊的情况下利用曝光补偿调整画面

曝光补偿除了可以运用到一些期望的画面效果里时，也可用于比较特殊的拍摄环境中，比如较亮或是较暗的环境中。"白加黑减"是曝光补偿的基本原则，意思是在拍摄白色或亮调物体时，为了避免画面偏灰，曝光不足，不能准确还原白色时，通过适当增加曝光补偿，使画面的物体得到准确还原；而在拍摄黑色或暗调物体时，若要将亮部细节层次清晰地呈现，就需要适当减少画面的曝光量，让画面的影调更加细腻自然。

拍摄雪景时，通常增加曝光补偿，更加突显雪的晶莹洁白

⬆ 焦距：60mm ✦ 光圈：f/9 ✦ 快门速度：1/50s ✦ 感光度：ISO 100 ✦ 曝光补偿：+1 EV ✦ 测光模式：点测光 ✦ 曝光模式：光圈优先

拍摄对象颜色较深时减少曝光补偿

为了使画面的影调更暗可以减少曝光量，例如拍摄剪影效果的画面时，拍摄对象色彩较深或接近黑色，这时减少曝光量是很有必要的。因为在暗调环境下拍摄，相机测光系统经过判断后会自动提升画面亮度，这样会使拍摄出来的画面曝光过度，拍不出剪影效果。所以在实际操作中，应该减少曝光量，以获得最真实的画面。

画面中的深色占比较大，因此在拍摄时减少了1挡曝光补偿

🎧 焦距：70mm ◆ 光圈：f/8 ◆ 快门速度：1/100s ◆ 感光度：ISO 100 ◆ 曝光补偿：-1 EV ◆ 测光模式：点测光 ◆ 曝光模式：光圈优先

拍摄对象颜色较浅时增加曝光补偿

虽然增加曝光补偿可以增加画面的亮度，但通常不是在较暗环境下使用。一般情况下，拍摄白色或者浅色的物体时，相机经过测光系统会自动降低曝光量，这样拍摄的画面偏灰，此时应该增加曝光补偿，以提高画面亮度，这样不但可以让画面更加明亮，而且还不会失去亮部的细节。

画面中浅色占比较大，适当增加曝光补偿后，画面色调变得明亮了

🎧 焦距：50mm ◆ 光圈：f/3.2 ◆ 快门速度：1/100s ◆ 感光度：ISO 100 ◆ 曝光补偿：+0.7 EV ◆ 测光模式：中央重点测光 ◆ 曝光模式：光圈优先

使用曝光锁锁定被摄物的曝光

数码相机上有一个很重要的部件，但鲜少有人问津——曝光锁。其实在日常拍摄时最好养成使用曝光锁的习惯，因为在复杂的光线条件下曝光锁是帮助我们获得准确曝光的理想工具。使用曝光锁可以锁定被摄体在拍摄环境下的测光数据，避免重新构图时受到新光线的干扰而影响画面效果。曝光锁常用于逆光拍摄，也适用于局部测光和点测光模式。

在特殊的环境下拍摄时，使用曝光锁对准绵羊的暗部测光，使绵羊周围有一圈轮廓光，得到自己想要的画面效果

⌖ 焦距：200mm ◆ 光圈：f/8 ◆ 快门速度：1/100s ◆ 感光度：ISO 200 ◆ 曝光补偿：-0.7 EV ◆ 测光模式：点测光 ◆ 曝光模式：光圈优先

复杂光线条件下可使用包围曝光模式

有时因为拍摄的环境并不在我们的控制范围之内，难免会碰上光线比较复杂的环境。若是遇上这样的环境或是在相机很难准确测光时，可利用包围曝光模式进行拍摄。

包围曝光是指按照测光值拍摄一张照片，再根据这张照片的曝光量各增加和减少一挡进行拍摄，以此得到三张曝光量各不相同的照片，然后可以从这几张照片里面挑选一张最接近理想状态的照片。所以，当我们无法准确判断曝光量是否合适时，就可以采用包围曝光模式进行拍摄。

焦　　距：120mm
光　　圈：f/4
快门速度：1/1600s
感 光 度：ISO 200
曝光补偿：-0.7 EV
测光模式：点测光
曝光模式：光圈优先

焦　　距：120mm
光　　圈：f/4
快门速度：1/1000s
感 光 度：ISO 200
曝光补偿：0 EV
测光模式：点测光
曝光模式：光圈优先

焦　　距：120mm
光　　圈：f/4
快门速度：1/800s
感 光 度：ISO 200
曝光补偿：+0.7 EV
测光模式：点测光
曝光模式：光圈优先

液晶屏回放照片检查曝光情况

拍摄完成后，可通过液晶屏回放查看画面的曝光情况，如果曝光过度或是曝光不足，可在调整合适的参数后重新拍摄，直到获得满意的画面为止。

通常情况下，在拍摄之前要仔细观察被摄对象的特点，并认真思考自己需要的画面效果，再进行拍摄。

拍摄后，按动相机上的"回放"按钮，如小图所示。这时，照片会自动显示在液晶屏上，通过观察照片，可了解被摄主体的曝光情况

通过直方图判断曝光情况

数码相机图像处理技术一直在不断发展，越来越多的数码相机内设置了直方图功能。在拍摄过程中，可根据直方图来判断所拍摄照片的曝光情况。在照片的直方图中，横轴代表的是图像中的亮度，从左到右从全黑逐渐过渡到全白；纵轴代表的则是图像中处于这个亮度范围的像素的相对数量。

◎ 焦距：200mm ◆ 光圈：f/4 ◆ 快门速度：1/100s ◆ 感光度：ISO 100 ◆ 曝光补偿：0 EV ◆ 测光模式：矩阵测光 ◆ 曝光模式：光圈优先

因为是室内人像，从直方图可看出这张照片曝光准确

曝光不足时的直方图

查看直方图时，可以根据直方图的横向代表的画面亮度来判断照片的曝光情况。如果在直方图里面显示的影调曲线分布在最左边，而右边留白，就代表画面的亮度过低，存在曝光不足的问题。

为了改善曝光不足的情况，可在后期处理时提高画面的亮度，或者在前期拍摄中设置合适的参数，再进行拍摄。

通过观察直方图，可以发现照片明显曝光不足，画面主体层次不明显

⏺ 焦距：70mm ◆ 光圈：f/7.1 ◆ 快门速度：1/640s ◆ 感光度：ISO 125 ◆ 曝光补偿：−0.3 EV ◆ 测光模式：点测光 ◆ 曝光模式：光圈优先

曝光过度时的直方图

在拍摄过程中，只通过相机的液晶屏观看照片来检查曝光情况往往不够直观，而直方图的表现方式则非常直观明了。如果曝光不准确，就需要再次拍摄，或者通过软件的后期处理使画面曝光准确。

如果直方图中大量曲线都位于右侧，就说明画面的暗部细节不足，画面曝光过度，应减少曝光量，压暗画面的亮度。

通过观察直方图，可以发现照片曝光过度，画面整体缺少层次，大部分是一片白色，缺少立体感

♠ 焦距：200mm ◆ 光圈：f/4 ◆ 快门速度：1/500s ◆ 感光度：ISO 100 ◆ 曝光补偿：0 EV ◆ 测光模式：点测光 ◆ 曝光模式：光圈优先

拍摄烟花时的直方图

并不是所有正常曝光的画面直方图影调都很平缓，明暗层次分明。

拍摄烟花为主的照片时，需要长时间的曝光，并通过天空来映衬烟花的美丽。如下图所示，照片的烟花非常艳丽，而直方图显示，影调集中在左侧，但没有溢出，表示画面暗部较多，而这样的暗调正好突显了烟花的色彩。

下方这张照片运用了长时间曝光，使烟花绽放的轨迹被清晰地捕捉了，在暗调背景的映衬下更加华丽绚烂

ⓘ 焦距：200mm ◆ 光圈：f/8 ◆ 快门速度：6s ◆ 感光度：ISO 200 ◆ 曝光补偿：0 EV ◆ 测光模式：点测光
◆ 曝光模式：光圈优先

画面反差过大的直方图

为了拍摄需要，一些被摄物可通过对比的方式来突出。反差是指画面影像各方面明暗的差异程度。

反差较大的画面，其影调明暗对比强烈，视觉效果突出。通过直方图可以看出，反差较大画面的直方图两端都有溢出。

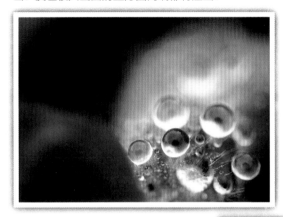

在直方图中，影调分布在两端并溢出，表现出强烈的反差，可以看出画面对比强烈

🎧 焦距：60mm ◆ 光圈：f/1.8 ◆ 快门速度：1/100s ◆ 感光度：ISO 100 ◆ 曝光补偿：0 EV ◆ 测光模式：点测光 ◆ 曝光模式：光圈优先

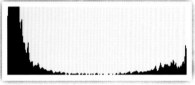

画面反差较小的直方图

反差小的画面明暗对比弱，画面的影调看起来比较平和。

从直方图可以看出，左端和右端留有空间，画面影调集中在中间位置，表示画面的反差较小。

通过观察直方图可以看出，影调集中在中间位置，两端留白较多，这表示画面反差较小，没有明显的暗部和亮部

🎧 焦距：100mm ◆ 光圈：f/3.5 ◆ 快门速度：1/100s ◆ 感光度：ISO 100 ◆ 曝光补偿：+0.3 EV ◆ 测光模式：矩阵测光 ◆ 曝光模式：光圈优先

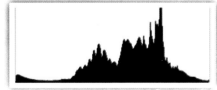

根据直方图纠正曝光

照片拍摄完成后，如果想要用后期软件进行处理，首先要通过直方图了解画面的曝光情况，如果有偏差，而且不是自己想要的画面效果，可通过调节进行纠正，以获取曝光更加合适的画面。

这张图画面曝光略微不足，人物的皮肤显得较暗

🎧 焦距：50mm ◆ 光圈：f/2.8 ◆ 快门速度：1/200s ◆ 感光度：ISO 100 ◆ 曝光补偿：0 EV ◆ 测光模式：点测光 ◆ 曝光模式：手动

重新调整参数后进行拍摄，画面影调和谐自然，曝光合适

🎧 焦距：50mm ◆ 光圈：f/2.8 ◆ 快门速度：1/160s ◆ 感光度：ISO 100 ◆ 曝光补偿：0 EV ◆ 测光模式：点测光 ◆ 曝光模式：手动

分析RGB直方图

通过亮度直方图可以了解所拍摄图像的曝光量，而通过 RGB 直方图则可以了解图像中光线的三原色（红、绿、蓝）的亮度等级分布情况。横轴表示色彩的亮度等级，偏左侧为暗，偏右侧为亮；纵轴表示每个色彩亮度等级上的像素分布情况，左侧分布像素越多，色彩越暗淡，右侧分布像素越多，色彩越明亮。通过查看图像的 RGB 直方图，可以了解色彩的饱和度及渐变情况，还可以了解白平衡的偏移情况。

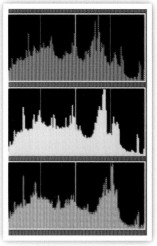

R-Red 表示红色

G-Green 表示绿色

B-Blue 表示蓝色

多

纵轴表示色彩亮度的像素量

少

横轴表示色彩的亮度

暗 ——————————— 明

与亮度直方图一样，在RGB直方图中，如果任何一种颜色出现太多，或曲线过于靠近左（右）侧，这样的画面都是不够好的，最好重新调整参数后再进行拍摄

拍摄完照片后，注意观看直方图是否符合拍摄意图，如果差别太多，需调整参数重新拍摄

🎧 焦距：35mm ✦ 光圈：f/7.1 ✦ 快门速度：1/640s ✦ 感光度：ISO 100 ✦ 曝光补偿：0 EV ✦ 测光模式：中央重点测光 ✦ 曝光模式：光圈优先

2

认识不同光线的特点

明暗过渡均匀的柔光

散射光也叫柔光，其特点是照射在物体表面后，不会产生强烈的阴影，而是均匀的明暗过渡。散射光的画面反差不大，比较柔和，所以很适合表现女孩子的皮肤，可以使其看起来更加光滑细腻。

如下图所示，画面中的被摄者皮肤看起来细腻光滑，色泽圆滑，画面整体没有很刺眼的光线和明亮的颜色，给人舒适、甜美的感觉。

拍摄散射光线的照片时，由于没有太大的明暗反差，所以可以使用平均测光模式（也称矩阵测光模式）

⌾ 焦距：50mm ◆ 光圈：f/2.8 ◆ 快门速度：1/250s ◆ 感光度：ISO 200 ◆ 曝光补偿：0 EV ◆ 测光模式：矩阵测光 ◆ 曝光模式：光圈优先

指向太阳 ——

散射阳光 ——

暗部阴影不明显

亮部表现较为柔和 ——

柔光的画面层次细腻

柔光的方向性不强，产生的阴影颜色较浅、边缘模糊，所拍摄的画面明暗过渡区域较大，画面给人以细腻、柔和的感觉。阴天的光线多为柔光。柔光常用于表现女性柔美的感觉和儿童单纯、天真的感觉。拍摄其他题材时，柔光的画面效果也很清新淡雅，画面层次较细腻。

柔光的画面没有明显的阴影，所以画面看起来较为清新淡雅

⚲ 焦距：200mm ◆ 光圈：f/4 ◆ 快门速度：1/100s ◆ 感光度：ISO 100 ◆ 曝光补偿：+1 EV ◆ 测光模式：点测光 ◆ 曝光模式：光圈优先

柔光下的影调更均匀

柔光的画面不会有很明显的阴影，也就不会令画面中的景物产生太大的反差，所以柔光的画面看起来比较平和，没有很生硬的明暗过渡。如下图所示，在有雾的天气里，光线没有那么强烈，经过雾气的折射，画面中的光线很均匀，影调也很均匀，看起来舒适祥和。

在有雾的环境下，柔和的光线让所拍画面中没有强烈的明暗对比，影调更加均匀

⚲ 焦距：100mm ◆ 光圈：f/6.3 ◆ 快门速度：1/40s ◆ 感光度：ISO 100 ◆ 曝光补偿：+0.5 EV ◆ 测光模式：矩阵测光 ◆ 曝光模式：光圈优先

层次分明的硬光

区别硬光与柔光最简单的方法就是看阴影。与柔光相反，硬光的方向性强，所产生的阴影颜色较深且边缘清晰。晴天的光线大多属于硬光。

硬光的画面中明暗过渡区域较小，明暗分明，给人以明快的感觉。硬光常用于表现层次分明的风光、性格坚毅的男性等拍摄题材，也常被用于突出建筑物的形状和轮廓。

利用较硬的逆光营造出大片雪原的明暗对比。为了使雪更洁白和不丢失暗部细节，增加了曝光补偿

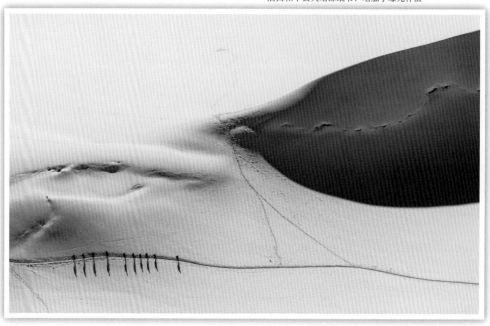

🎧 焦距：18mm ◆ 光圈：f/11 ◆ 快门速度：1/125s ◆ 感光度：ISO 200 ◆ 曝光补偿：+1 EV ◆ 测光模式：点测光 ◆ 曝光模式：光圈优先

硬光突出质感

硬光会使被摄体产生明显的阴影,借助明暗对比可以突出被摄体表面凹凸起伏的质感,因为影子的存在刚好有利于表现画面的粗糙感。表现质感时,应避免光照方向与被摄体所在的平面呈90°夹角。

利用斜射光拍摄,使山的凹凸面产生清晰的阴影,
强烈的明暗反差突出了山的质感

🎧 焦距:70mm ◆ 光圈:f/8 ◆ 快门速度:1/125s ◆ 感光度:ISO 100 ◆ 曝光补偿:0 EV
◆ 测光模式:矩阵测光 ◆ 曝光模式:光圈优先

硬光加强明暗对比

硬光照射的画面中明暗过渡区域较小,所以明暗非常分明,受光面和背光面在画面中都很明显,画面中有明显的明暗对比。如下图所示,硬光照射下的画面明暗对比非常明显,画面的立体感和空间感都很强。

对准远处的景物测光,对近处的景物使用
闪光灯补光

🎧 焦距:18mm ◆ 光圈:f/9 ◆ 快门速度:1/250s ◆ 感光度:ISO 100 ◆ 曝光补偿:0 EV
◆ 测光模式:矩阵测光 ◆ 曝光模式:光圈优先

顺光场景清晰明亮

顺光的画面明暗反差小，阴影也较少，可充分展现被摄体的色彩、图案等基本特征。不足之处是，顺光不利于表现空间感和立体感，且画面缺乏明暗变化。如下图所示，画面中的景物没有明显的明暗变化，但景物色彩艳丽，轮廓也得以清晰地展示，画面明亮。

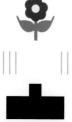

顺光拍摄时为了不使画面显得单调，可选择颜色丰富的景物拍摄

🎧 焦距：28mm ◈ 光圈：f/10 ◈ 快门速度：1/200s ◈ 感光度：ISO 100 ◈ 曝光补偿：0 EV ◈ 测光模式：矩阵测光 ◈ 曝光模式：光圈优先

顺光颜色真实

　　顺光的情况下，没有太多阴影的干扰，画面的颜色看起来会比较具有真实感。如下图所示，顺光下的田野中，近处枝叶繁茂的大树和远处金色的麦田，因为没有阴影而充分展现出颜色特征，很接近人眼平时观察到的颜色，画面清新自然。

顺光照片虽然没有什么立体感，但颜色的真实呈现会成为一大亮点

　　　↑ 焦距：200mm ◆ 光圈：f/5.6 ◆ 快门速度：1/250s ◆ 感光度：ISO 100 ◆ 曝光补偿：0 EV ◆ 测光模式：矩阵测光 ◆ 曝光模式：快门优先

前侧光立体感很强

前侧光可使被摄体面向相机的一面产生少量阴影，突出被摄体的立体感，使画面影调丰富，并且少量的阴影也不会遮挡画面较多的细节。

前侧光是棚拍时使用较多的光位，多用于拍摄人像，因为通过明暗对比可突出人物面部的立体感；在拍摄静物时，可利用前侧光塑形；前测光也可用于增强风光照片的层次感和立体感。

前侧光的画面看起来明暗分明，立体感很强

☉ 焦距：28mm ◆ 光圈：f/8 ◆ 快门速度：1/125s ◆ 感光度：ISO 400 ◆ 曝光补偿：0 EV ◆ 测光模式：点测光 ◆ 曝光模式：快门优先

侧光的画面明暗对比明显

由于侧光是光线在照相机的一侧，所以在画面中不仅有一半受光面，还有一半阴影存在，在两个面的对比之下，画面看起来明暗分明。如下图所示，画面中雪山的受光面与背光面明暗对比看起来很分明，增强了画面的立体感。

为了不失去太多暗部细节，测光时可使用点测光对画面的中间调区域进行测光，并增加曝光补偿

☉ 焦距：15mm ◆ 光圈：f/4.8 ◆ 快门速度：1/125s ◆ 感光度：ISO 200 ◆ 曝光补偿：+0.7 EV ◆ 测光模式：点测光 ◆ 曝光模式：快门优先

侧光适合表现质感

　　侧光会使画面的一半处于受光面，一半处于背光面。由于侧光的角度都较低，所以较容易表现表面凹凸不平的质感。如下图所示，海边的沙滩，在低角度光线的照射下，整个画面呈现一种温暖的色调，强烈的明暗对比把凹凸有效的自然纹理表现得很明显，形成了极具图案感的画面。

为了不丢失太多暗部细节，可在拍摄时增加曝光补偿，提亮画面的亮度

　　光 焦距：18mm ✦ 光圈：f/10 ✦ 快门速度：1/640s ✦ 感光度：ISO 200 ✦ 曝光补偿：+0.7 EV ✦ 测光模式：点测光 ✦ 曝光模式：光圈优先

侧逆光表现物体轮廓

侧逆光会使被摄体面向相机的一侧几乎处于阴影之中，画面中阴影很多，影调厚重。侧逆光可用于勾勒被摄体的轮廓，增强被摄体的立体感、质感和画面的空间感。

在利用侧逆光拍摄时，可借助其他光源对被摄体面向相机的一面补光以缩小明暗反差，也可增加曝光量以提高画面亮度。

使用侧逆光拍摄的画面，增加曝光量可以丰富被摄体面向相机一侧的细节。侧逆光在石块轮廓处形成高光，增强了石块的立体感

⊙ 焦距：18mm ◆ 光圈：f/16 ◆ 快门速度：2s ◆ 感光度：ISO 200 ◆ 曝光补偿：+0.3 EV ◆ 测光模式：点测光 ◆ 曝光模式：光圈优先

侧逆光使画面明暗层次更丰富

由于侧逆光可使画面形成很多背光面，在拍摄时务必要增加曝光，以丰富暗部的细节部分，这样可以丰富画面的明暗层次。如下图所示，田野在侧逆光的照射下，有阴影和小部分的受光面，层次明显，大大丰富了画面内容。

若不想失去亮部细节，就要对准亮部测光，增加曝光补偿，提亮暗部细节

⊙ 焦距：15mm ◆ 光圈：f/8 ◆ 快门速度：1/125s ◆ 感光度：ISO 200 ◆ 曝光补偿：+0.3 EV ◆ 测光模式：点测光 ◆ 曝光模式：光圈优先

逆光制造画面空间感

逆光使被摄体面向相机的一面几乎背光，画面中的阴影更多。逆光会在被摄体轮廓处形成高光线条，用于勾勒被摄体轮廓，还使画面中形成长长的影子，使被摄主体与背景分离，以增强画面的空间感。

使用逆光拍摄时，直射光线直接进入镜头会出现光晕现象，如果想避免这样的效果，可使用遮光罩或借助被摄体遮挡光源。如下图所示，直接对着太阳拍摄的逆光画面，逆光照射的树木形成的影子使画面的空间感增强。

测光时对准草地和树木，这样才能表现出细节

⌒ 焦距：24mm ◆ 光圈：f/5.6 ◆ 快门速度：1/100s ◆ 感光度：ISO 200 ◆ 曝光补偿：0 EV ◆ 测光模式：点测光 ◆ 曝光模式：光圈优先

逆光表现毛发的边缘轮廓

　　逆光拍摄时，由于相机和光源正面相对，光线会在被摄体的边缘轮廓形成一个光圈，如果是毛发，光就会透过毛发形成半透明的效果。如下图所示，小猴子的毛发因为逆光的效果，在画面中形成一个光圈，类似发光的视觉效果，在暗背景的衬托下，非常可爱迷人。

拍摄这样的画面时，要选择一个暗背景，才能更好地衬托出轮廓光

◑ 焦距：200mm ◆ 光圈：f/5.6 ◆ 快门速度：1/500s ◆ 感光度：ISO 500 ◆ 曝光补偿：0 EV ◆ 测光模式：点测光 ◆ 曝光模式：光圈优先

顶光突出物体立体感

顶光来自被摄体正上方，在被摄体凸起位置的下方形成投影，在被摄体凹陷的位置形成阴影。顶光可以突出被摄体的立体感和质感，具有良好的塑形效果。不仅如此，由于人们生活中常见的光源照射角度都比较高，所以采用顶光拍摄的画面使人看起来很自然、亲切。

在顶光下，建筑物明暗对比强烈，非常有立体感

🎧 焦距：18mm ◆ 光圈：f/8 ◆ 快门速度：1/800s ◆ 感光度：ISO 200 ◆ 曝光补偿：+0.5 EV ◆ 测光模式：矩阵测光 ◆ 曝光模式：光圈优先

脚光制造画面气氛

脚光是指来自被摄体下方的光线。与顶光相反，脚光产生的阴影在被摄体凸起部位的上方。自然光中没有脚光，拍摄时可借助脚光拍摄静物、花卉或人像。由于脚光的照射效果比较特殊，所以通常不把脚光用作主光。

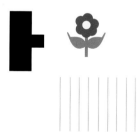

在影棚中特意摆置的脚光效果的画面，人物在画面中很突出

🌀 焦距：50mm ◆ 光圈：f/4.5 ◆ 快门速度：1/250s ◆ 感光度：ISO 100 ◆ 曝光补偿：0 EV ◆ 测光模式：点测光 ◆ 曝光模式：光圈优先

黎明前的高色温光线

　　黎明是指天快亮或刚刚亮的时候，这个时间段的光线色温较高，拍摄出来的画面比较偏冷，可以表现天将破晓的绚丽美景。拍摄时，可以结合相机提供的多种白平衡模式，还原或改变画面效果。

日出时的色温较高，因此拍摄出来的天空偏冷色调，与太阳的暖色形成了色彩对比

　○ 焦距：28mm　◆ 光圈：f/8　◆ 快门速度：1/125s　◆ 感光度：ISO 400　◆ 曝光补偿：0 EV　◆ 测光模式：点测光　◆ 曝光模式：快门优先

拍摄照片的黄金时段

　　拍摄照片的黄金时段通常是指日出和日落两个时间段，这两个时间段的光线变化多样，且光线柔和、色温较高，拍摄出的画面影调细腻、层次丰富。这个时段的光线具有较强的表现力。

日落时使用侧逆光拍摄美女，阳光在她的身体边缘形成轮廓光，再配合暖色的服装与场景，画面显得很温暖

　○ 焦距：50mm　◆ 光圈：f/2　◆ 快门速度：1/500s　◆ 感光度：ISO 200　◆ 曝光补偿：+0.5 EV　◆ 测光模式：点测光　◆ 曝光模式：光圈优先

9点之前的光线比较柔和

　　上午9点之前太阳的高度都很低，是拍摄佳片的好时机。日出之后，影子的色彩往往偏深蓝色，带点冷冷的感觉，但直接被太阳照射到的物体有时候会出现黄色或金色光辉，可以用来拍出很有创意的作品。拍摄时故意曝光过度可以增加画面的亮度，如果曝光不足会使画面的色彩变得丰富。

画面整体偏亮，反差较小，明亮的画面表现出
清晨明快、清爽的感觉

⊙ 焦距：50mm ◆ 光圈：f/5.6 ◆ 快门速度：1/400s ◆ 感光度：ISO 100 ◆ 曝光补偿：0 EV ◆ 测光模式：矩阵测光 ◆ 曝光模式：光圈优先

中午的光线很硬

中午时分，太阳高挂在天空中，光线的品质和色彩比一天当中的任何其他时段都要稳定，这时候的光线是透明无色的，因此，拍摄出的画面色彩最为正确。但并不表示这就是拍摄摄影作品的最佳时机。拍摄时要考虑一下，某些物体在此时拍摄远比其他物体要合适，位置较高的阳光可以拍出清晰、先天明确的影像，被摄体的形状和色彩都被表现得很明显，尤其是不太重视影子的主体，最适合在这种光线下拍摄。

这个时段里，色彩可以被准确地还原出来，画面中会有很短很深的影子

☊ 焦距：200mm ✦ 光圈：f/5.6 ✦ 快门速度：1/1000s ✦ 感光度：ISO 100 ✦ 曝光补偿：0 EV ✦ 测光模式：点测光 ✦ 曝光模式：光圈优先

温暖的午后

　　和正午相比，午后时分光线的变化很小，几乎分辨不出来，如果空气中有灰尘或湿气，光线可能会显得稍微温暖一点。到了下午两三点，光线会明显倾向略带红色，这种现象会在往后的几个小时内越来越明显，到了接近黄昏时，影子会拉长，而位置很低的太阳会使物体的造型清楚地呈现出来，这时正是拍摄需要呈现出质感的主体的最佳时机。

午后的温暖光线给画面笼罩上一种祥和的气氛

🕿 焦距·500mm ◆ 光圈·f/5 ◆ 快门速度: 1/640s ◆ 感光度: ISO 400 ◆ 曝光补偿: 0 EV ◆ 测光模式: 点测光 ◆ 曝光模式: 光圈优先

夕阳的霞光漫天

　　壮观的落日是常被拍摄的主体之一，此时的光线色温较低，呈现出暖调。

　　并不是所有伟大的落日作品都会把落日拍进画面中。如果把焦点集中在云层或拍摄剪影上，获得的作品反而更有趣味。

虽然太阳已经落入地平线，但满天的晚霞很壮观，使用点测光模式对天空测光，获得了色彩浓郁的画面效果

🕿 焦距: 8mm ◆ 光圈: f/22 ◆ 快门速度: 4s ◆ 感光度: ISO 100 ◆ 曝光补偿: 0 EV ◆ 测光模式: 点测光 ◆ 曝光模式: 光圈优先

晴天硬朗的直射光线

在万里无云的晴天里，光线也是很强烈的，产生的投影也很硬朗，能够增强画面的明暗对比。硬朗的直射光线会造成人物的面部阴影过多，不利于突显主体柔美的感觉，因此不适合表现女性，往往多用于拍摄男性和风景。

从阴影处可以看出，直射光线较强烈，同时以蓝天作为背景，更好地突出了天气晴朗的特点

⬤ 焦距：24mm ◆ 光圈：f/11 ◆ 快门速度：1/250s ◆ 感光度：ISO 100 ◆ 曝光补偿：0 EV ◆ 测光模式：点测光 ◆ 曝光模式：光圈优先

烈日下的取景技巧

如果在正午拍摄，应该避免直接对着光线取景，可以选择在树荫下拍摄，或是树丛中拍摄。通过树叶对光线的遮挡，来减弱光线的强度。当拍摄景物时，适当地遮挡光线可以使景物显得更加细腻；当拍摄人物时，减弱光线后的人物会显得更加柔美。还可以利用强烈的光线进行逆光的拍摄，使被摄物呈现一种半透明状，营造出不一样的画面效果。

逆光拍摄的红色枫叶呈现一种半透明状，非常艳丽

⬤ 焦距：200mm ◆ 光圈：f/10 ◆ 快门速度：1/640s ◆ 感光度：ISO 200 ◆ 曝光补偿：+0.5 EV ◆ 测光模式：点测光 ◆ 曝光模式：光圈优先

阴天的柔和光线

在阴天拍摄时，因为多云的关系，光线较为柔和，适合对花朵、树叶等植物进行特写拍摄。在柔和的光线条件下，拍摄对象不会形成强烈的明暗反差，因此画质会显得更加细腻柔和。如下图所示，画面因阴天而呈现一种雾蒙蒙的感觉，仿佛笼罩着一层绿色的薄纱，温馨而宁静。

在阴天柔和的光线下，画面整体没有明显的阴影，反差小，感觉很细腻

ℹ 焦距：50mm ◆ 光圈：f/5.6 ◆ 快门速度：1/100s ◆ 感光度：ISO 200 ◆ 曝光补偿：0 EV ◆ 测光模式：矩阵测光 ◆ 曝光模式：光圈优先

突出雨天特色的画面效果

选择雨天拍摄的人较少，因为雨天通常给人阴沉昏暗的感觉。如果想拍摄出与之相反的画面效果，就需要花些心思取景了，既能表现雨天的特点，又可以创作出更多独特意境的画面。如下图所示，利用大光圈拍摄出光斑的画面效果，只有树叶的一小部分是实的，虚实对比出很梦幻的画面。

使用大光圈配合逆光拍摄，使得背景中的水珠被虚化成唯美的光斑效果，而前景中的叶子和水珠都很明亮

ℹ 焦距：200mm ◆ 光圈：f/2.8 ◆ 快门速度：1/250s ◆ 感光度：ISO 100 ◆ 曝光补偿：0 EV ◆ 测光模式：点测光 ◆ 曝光模式：光圈优先

使用闪光灯需要准备的器材

闪光灯包括内置闪光灯和外置闪光灯。闪光灯可用来表现强烈的对比效果，还可用来塑造被摄体的轮廓，通常情况下还会借助反光装置和柔光装置来柔化光线。应尽量避免在直射光线下使用闪光灯。

内闪柔光罩

外闪柔光罩

闪光灯柔光罩：若直接使用闪光灯拍摄人像会给被摄者面部造成生硬的阴影，这时可如上图所示使用柔光罩，以柔化闪光灯射出的光线

三脚架

反光伞

反光板

三脚架或专业的闪光灯：便于稳定放置闪光灯及架设其他附件

反光伞和反光板：可以反射直射光线使之变得柔和，也可以减弱暗部的阴影

混合光的画面效果

混合光是指两种或两种以上不同属性、不同性质的光线混合形成的光线。不同光线具有不同的色温，由于光线的差异，画面会呈现出不同的视觉效果。

利用光线的这一特性，拍摄时可通过对混合光的运用来完善画面效果。在人像摄影和静物摄影中，最常运用到混合光，这样有助于表现出被摄对象的真实色彩和形体特点。

逆光拍摄的画面，结合闪光灯对被摄者正面补光，丰富了影调，画面呈现很绚丽的视觉效果

⌒ 焦距：50mm ◆ 光圈：f/5.6 ◆ 快门速度：1/800s ◆ 感光度：ISO 100 ◆ 曝光补偿：0 EV ◆ 测光模式：点测光 ◆ 曝光模式：光圈优先

很耀眼的阳光，用曝光过度的方法在画面中形成很特殊的效果

利用闪光灯提亮被摄者的面部

多个光源时要注意分清主次

运用多个光源进行拍摄时，需要注意分清主光和辅光，并根据光线进行准确测光并正常曝光，以获取合适的画面。如下图所示，烈日下拍摄的画面，为了使人物面部表现清晰，主要按照人物面部进行测光后曝光。

日光下，利用闪光灯对面部进行补光获得的画面影调和谐自然

🎧 焦距：50mm ◆ 光圈：f/2.8 ◆ 快门速度：1/400s ◆ 感光度：ISO 200 ◆ 曝光补偿：0 EV ◆ 测光模式：点测光 ◆ 曝光模式：光圈优先

晴天里，太阳光十足，使画面的亮度很高

对被摄者的面部进行补光，缩小了画面的明暗反差

根据主光进行曝光

　　如果有多个光源但不能分清主次，拍摄出来的画面就会很乱，因此不管是人像摄影还是静物摄影，如果是在多种光线的照射下拍摄，一定要分清主次。在分清光线的主次之后，需要根据光线的强度对画面进行曝光。针对主光的亮度设置适当的拍摄参数，这样获取的画面曝光才会更准确。

窗外的光、后面的补光和墙面的反光，光线比较杂，拍摄时根据窗外的光进行准确曝光，获取的画面效果适合表现花朵

　　⊂ 焦距：28mm ◆ 光圈：f/3.2 ◆ 快门速度：1/125s ◆ 感光度：ISO 400 ◆ 曝光补偿：0 EV ◆ 测光模式：点测光 ◆ 曝光模式：快门优先

主光为窗户外的光线，以此为测光的标准

根据主光色温设置白平衡

　　不同的光线会有不一样的色温，而色温是表现光线光色的标准。例如不同时段的太阳光和各种类型的灯光，都有各自不同的色温，因此产生的色彩也各不相同。在实际的拍摄过程中，应根据主光的色温设置白平衡，避免因色温差异而导致画面产生偏色现象。

夕阳下的少女，为了营造安详、甜美的气氛，根据夕阳的特点设置了偏暖的白平衡，使画面有种温馨的感觉

　　⊂ 焦距：50mm ◆ 光圈：f/5 ◆ 快门速度：1/60s ◆ 感光度：ISO 200 ◆ 曝光补偿：0 EV ◆ 测光模式：点测光 ◆ 曝光模式：快门优先

闪光灯与日光的混合

在户外阳光下拍摄，为消除阴影，可结合闪光灯混合拍摄，避免背光拍摄的阴影。提亮画面的亮度，增加画面和谐的视觉感受，并且在阳光充足的情况下，再配合使用闪光灯，可以得到高调的画面效果。这种方式最适合表现少女，可突出少女清纯的感觉。

仰视角度拍摄的植物，为使天空与植物都曝光准确，对着天空曝光，再利用闪光灯对着植物进行补光

⊙ 焦距: 200mm ◆ 光圈: f/2.8 ◆ 快门速度: 1/200s ◆ 感光度: ISO 100 ◆ 曝光补偿: 0 EV ◆ 测光模式: 矩阵测光 ◆ 曝光模式: 光圈优先

天空的亮度很高，按照天空的亮部曝光，使其在画面中颜色还原得很真实

利用闪光灯补光后，提亮了植物的亮度

3

理解画面的影调

影调的意义

调性是画面中亮、暗变化的情况，当画面呈现暗色系的景物较多时，称之为低调画面；若是画面中的亮色系景物较多则称之为高调照片。调性的表现重点取决于主体与光线的选择，若表现高调照片，应以浅色的主体为主；而低调照片，则由深色的主体所构成。

不同的影调会赋予画面不同的氛围，雾蒙蒙的感觉为画面蒙上了一层梦幻的色彩

⌒ 焦距：100mm ◆ 光圈：f/5.6 ◆ 快门速度：1/8s ◆ 感光度：ISO 400 ◆ 曝光补偿：0 EV ◆ 测光模式：点测光 ◆ 曝光模式：光圈优先

粗犷的影调增加画面的力量感

明暗过渡急剧、跳跃的画面，影调感觉很粗犷，可以看出画面中黑、白、灰的层次少。这样的画面反差较大，画面给人以硬朗的视觉感受，适用于表现男性或雄伟的物体。注意拍摄时选择硬光和侧光，以使画面明暗分明。

画面看起来明暗分明，很有力量的感觉，
对准暗部测光，使亮部曝光过度一些

⌒ 焦距：28mm ✦ 光圈：f/8 ✦ 快门速度：1/125s ✦ 感光度：ISO 400 ✦ 曝光补偿：0 EV ✦ 测光模式：点测光 ✦ 曝光模式：快门优先

细节较少的暗部

细节较少的亮部，与暗部形成强烈的对比

在画面中面积较少的中灰部分

均匀的影调画面层次细腻

细腻影调的画面明暗过渡不明显，画面中的灰调比较多，看起来有柔和的感觉。

细腻的影调反差较小，画面柔和、细腻，适合表现女性和花朵，宜选择柔光和顺光来拍摄。如右图所示，云彩的层次表现得很丰富，使画面看起来很饱满。

为使画面的层次丰富些，可使用小光圈进行拍摄

⌒ 焦距：15mm ✦ 光圈：f/8 ✦ 快门速度：1/1600s ✦ 感光度：ISO 200 ✦ 曝光补偿：0 EV ✦ 测光模式：点测光 ✦ 曝光模式：快门优先

明亮、清新的高调

　　高调的照片大多明亮、干净。拍摄时应多选择浅色的被摄体和拍摄环境，为避免画面出现阴影，画面的光照应均匀，这样就不会有阴影破坏画面洁白的感觉了。拍摄时应多采用柔光，并选择合适的拍摄角度，顺光或前侧光可使被摄体面向相机，再配合辅光缩小画面的明暗差距，可使画面整体效果柔和、明亮。

拍摄高调照片时，画面中
尽量不要有阴影

⊙ 焦距: 28mm ◦ 光圈: f/10 ◦ 快门速度: 1/200s ◦ 感光度: ISO 100 ◦ 曝光补偿: 0 EV ◦ 测光模式: 矩阵测光 ◦ 曝光模式: 光圈优先

高调表现柔美感觉

　　高调照片由大面积的亮度为白、浅灰的色彩构成，画面整体明亮，反差较弱。注意拍摄高调照片时，应保留少面积的暗调，以免画面显得平淡。如下图所示，干净的拍摄环境，被摄者身上的桃红色衣服显得尤为突出，整个画面感觉很清新、明亮。

利用顺光拍摄，画面中不会出现阴影

　　焦距：85mm ◆ 光圈：f/1.2 ◆ 快门速度：1/250s ◆ 感光度：ISO 100 ◆ 曝光补偿：0 EV ◆ 测光模式：矩阵测光 ◆ 曝光模式：光圈优先

增加曝光形成干净的高调画面

拍摄时若想形成高调照片的效果，可增加曝光量，因为高调照片都是画面亮度较高。表现主体的高雅素净时，可采用高调的方式，增强画面的表现力，给人以清新自然之感。

被摄画面中白色较多时，应增加曝光补偿，以提亮画面的亮度

☉ 焦距：50mm ◆ 光圈：f/4 ◆ 快门速度：1/1250s ◆ 感光度：ISO 200 ◆ 曝光补偿：+0.7 EV ◆ 测光模式：点测光 ◆ 曝光模式：光圈优先

高调画面中，白色背景很重要，可以提亮整个画面的亮度

平淡真实的中间调画面

中间影调的画面多以中灰亮度为主，画面的反差较弱，影调平淡，给人以真实、朴素的感觉。这样的影调拍摄时运用较少，当画面形成弱反差的中间调时可借助阴影和高光增强影调对比。

中间影调很符合人的视觉感受，看起来有真实感，画面很舒服

⊃ 焦距：18mm ◆ 光圈：f/16 ◆ 快门速度：1/500s ◆ 感光度：ISO 500 ◆ 曝光补偿：-0.3 EV ◆ 测光模式：矩阵测光 ◆ 曝光模式：光圈优先

在画面中占很少部分的暗调

在画面中占很少部分的亮调

在画面中占大部分面积的中间调

雄浑有力的中间调影像

中间影调也有反差较大的一种，画面主要以黑和白两种阶调为主，中灰亮度色彩较少，画面反差较大。如下图所示，画面中的灰调较少，由于颜色偏灰色，所以仍给人以中间影调的视觉感受。

利用较大的画面反差表现一种苍劲的感觉，很符合画面的内容

⌒ 焦距：400mm ◆ 光圈：f/5.6 ◆ 快门速度：1/1000s ◆ 感光度：ISO 400 ◆ 曝光补偿：0 EV ◆ 测光模式：点测光 ◆ 曝光模式：光圈优先

神秘、含蓄的低调照片

低调画面是指整个画面以黑色或深色为主，只有少许的亮调，整体给人以深沉、神秘、含蓄的感觉。低调照片适合表现男性的深沉、稳重，也可以用来突显女性神秘、性感的一面。

为压低画面的亮度，可减少曝光补偿

⌒ 焦距：35mm ◆ 光圈：f/13 ◆ 快门速度：1/100s ◆ 感光度：ISO 200 ◆ 曝光补偿：-0.3 EV ◆ 测光模式：点测光 ◆ 曝光模式：光圈优先

利用侧逆光、逆光拍出低调影像

想要得到低调的画面，拍摄时多注意光线的选择，侧逆光和逆光是较好的选择，这样画面中的重影调会比较多，使画面看起来较低沉。如下图所示，色彩浓郁的低调画面，飞鸟的剪影和夕阳的艳丽景色非常搭配。

对准画面亮部测光，就可以得到剪影效果的画面

⌒ 焦距：400mm ◆ 光圈：f/5.6 ◆ 快门速度：1/1000s ◆ 感光度：ISO 400 ◆ 曝光补偿：-0.7 EV ◆ 测光模式：点测光 ◆ 曝光模式：光圈优先

低调不是曝光不足

低调影响是指画面以暗调为主，画面的主体会表达清晰、明了，并不是曝光不足。曝光不足是指画面暗部细节缺失，而低调画面即使以暗调为主，也具有丰富的层次。在拍摄时，也会利用稍微的曝光不足的方式来表现低调效果。根据创作思路，可以利用暗调来烘托画面的特殊氛围。

拍摄水雾时，选择黑色背景，缩小光圈，使用慢速快门得到了这张低调的水雾照片

⋂ 焦距: 125mm ◆ 光圈: f/11 ◆ 快门速度: 1/15s ◆ 感光度: ISO 200 ◆ 曝光补偿: -1 EV ◆ 测光模式: 点测光 ◆ 曝光模式: 光圈优先

画面的大面积是几乎没什么细节的暗色

在暗背景的衬托下，水雾很明显，也是画面中唯一的亮点

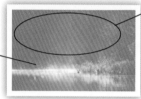

低调照片使用亮部法测光

低调照片常给人以凝重的特殊感受。低调照片一样也是曝光准确的画面，通常低调照片要对画面中的少许亮部进行测光，再通过曝光补偿获取层次丰富的低调画面。

在黑背景的衬托下，逆光下的叶子呈现半透明状

⋂ 焦距: 190mm ◆ 光圈: f/5.6 ◆ 快门速度: 1/200s ◆ 感光度: ISO 400 ◆ 曝光补偿: -1 EV ◆ 测光模式: 点测光 ◆ 曝光模式: 光圈优先

为使叶子呈现半透明效果，要丢失部分暗部细节，所以对准亮部测光

控制光照面积使影调更厚重

光照的多少直接影响着画面的影调效果。通过控制画面中光照面积来表现画面影调的明暗比例，可表现出厚重的画面效果。

一般情况下，应根据光线的照射方向来选择拍摄角度，斜侧照射的光线会形成阴影，不仅可以表现画面的暗调效果，还能增加画面的空间感。画面中的暗部不仅可使色调显得更加浓重，还可与亮部色调形成鲜明对比，突出被摄主体。

选择前侧光拍摄，使花朵被照亮而背景处于阴影中，测光时对准亮部，可进一步略去不利表现被摄物的背景细节

🎧 焦距: 300mm ◈ 光圈: f/6.3 ◈ 快门速度: 1/400s ◈ 感光度: ISO 100 ◈ 曝光补偿: -0.3 EV ◈ 测光模式: 点测光 ◈ 曝光模式: 光圈优先

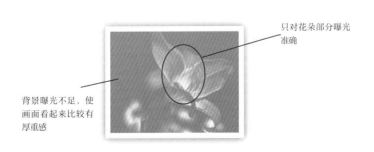

只对花朵部分曝光准确

背景曝光不足，使画面看起来比较有厚重感

曝光与用光技巧实战
——人像

大光圈突出画面中的人物

　　拍摄人像时，画面越简单越好，最重要的是突出人物。可以利用长焦镜头选择大光圈，这样可以得到小景深的画面，杂乱的背景也会被虚化掉，使被摄者在画面中很突出。若是在光线充足的情况下选择大光圈，快门速度也会相应提高。

画面中的背景很简洁，没有不利
的因素，人物很突出

　　焦距：200mm ◆ 光圈：f/2.8 ◆ 快门速度：1/200s ◆ 感光度：ISO 320 ◆ 曝光补偿：+0.5 EV ◆ 测光模式：中央重点测光 ◆ 曝光模式：光圈优先

小光圈表现人物的环境

为了交代人物所处的环境，拍摄时宜使用小光圈，获得一个大景深的画面。如下图所示，一身泳装的模特站在渔船上，海天一色的背景使画面看起来干净、清晰、明朗。

利用广角镜头配合小光圈拍摄的画面，不仅可以拍出被摄者的全身，还表现了拍摄的环境

🔾 焦距：16mm ◆ 光圈：f/13 ◆ 快门速度：1/250s ◆ 感光度：ISO 320 ◆ 曝光补偿：0 EV ◆ 测光模式：矩阵测光 ◆ 曝光模式：光圈优先

高速快门凝固运动中的人物

拍摄运动的人物时，若想得到清晰的画面，宜使用较高的快门速度。拍摄时，若是拍摄环境光线没那么充足，快门速度不够，画面拍摄出来不够清晰的话，可以放大光圈，或是提高感光度，以提高快门速度，得到清晰的画面。

高速快门可以把人物的动作瞬间清晰地捕捉下来

○ 焦距：85mm ◆ 光圈：f/2.8 ◆ 快门速度：1/1000s ◆ 感光度：ISO 200 ◆ 曝光补偿：+0.3 EV ◆ 测光模式：矩阵测光 ◆ 曝光模式：快门优先

CASE
4

对准人的脸部测光

在画面中曝光的主体很重要，为了被摄体得到准确的曝光，最好是只对准被摄体测光。如下图所示，被摄者身穿白色的衣服坐在黑色的沙发上，若对着画面平均测光，被摄者容易曝光不准。为了让被摄者曝光准确，最好对着人物的脸部测光，这样测得的数据是比较准确的。

使用中央重点测光模式对人物脸部进行测光，获得了皮肤白皙的效果，因为中央重点测光模式可以兼顾环境，所以暗色沙发也有一定的细节

焦距：50mm ◆ 光圈：f/1.8 ◆ 快门速度：1/500s ◆ 感光度：ISO 400 ◆ 曝光补偿：+0.3 EV ◆ 测光模式：中央重点测光 ◆ 曝光模式：光圈优先

浅色衣服时增加曝光补偿

当画面中大部分是浅颜色时，相机会根据测光的结果得到不够准确的数据，这时应提高曝光量，以增加画面亮度。如下图所示，被摄者身着浅色的衣服，又在白色的环境中拍摄，应增加曝光补偿，这样能真实再现拍摄现场，得到较准确的曝光效果。

亮色的画面适合表现女性
的清新、甜美感

○ 焦距：85mm ● 光圈：f/3.2 ● 快门速度：1/250s ● 感光度：ISO 100 ● 曝光补偿：+1 EV
● 测光模式：矩阵测光 ● 曝光模式：快门优先

深色衣服时减少曝光补偿

如果被摄者身着深色的衣服时，为了避免画面偏灰，真实地还原黑色，可适当减少曝光，使画面的色彩得到准确还原，这样也可使暗部细节层次清晰地呈现，让画面的影调更自然。

模特身着黑色的衣服，而背景也是深绿色，整体色彩偏暗，因此适当地减少曝光补偿，可以让色彩还原更准确

⚙ 焦距：200mm ◆ 光圈：f/2.8 ◆ 快门速度：1/640s ◆ 感光度：ISO 200 ◆ 曝光补偿：-0.7 EV ◆ 测光模式：点测光 ◆ 曝光模式：光圈优先

CASE 7 利用曝光过度减少不利因素

　　当画面中的环境比较杂乱，不利于突出被摄者时，可以利用曝光过度去除不利于表现主体的细节部分。如下图所示，利用曝光过度形成高调画面，画面中的环境较亮，由于曝光过度很多细节都没有了，反而使画面变得更加简洁、明了。

利用曝光过度形成的高调画面，给人感觉很干净

　　○ 焦距：85mm ◆ 光圈：f/3.2 ◆ 快门速度：1/50s ◆ 感光度：ISO 400 ◆ 曝光补偿：+1.3 EV ◆ 测光模式：矩阵测光 ◆ 曝光模式：光圈优先

CASE 8 利用曝光不足减少不利因素

　　当拍摄环境本身就比较暗时，还可以利用曝光不足，减少画面中的不利因素，使画面变得简洁。如下图所示，侧光拍摄的人物，拍摄时减少曝光，只有受光面比较亮，背光面几乎看不见，在暗背景的衬托下，被摄者在画面中非常突出，肌肤白净、细腻，颇有神秘、空灵的艺术氛围。

使用点测光对受光面进行测光，而使背景曝光不足，从而凸显主体人物

　　○ 焦距：50mm ◆ 光圈：f/2.8 ◆ 快门速度：1/1000s ◆ 感光度：ISO 200 ◆ 曝光补偿：-1 EV ◆ 测光模式：点测光 ◆ 曝光模式：光圈优先

低调光影表现男性沉稳一面

低调的画面反差较小，画面由大面积的黑和深灰亮度色彩构成，画面偏暗，适合表现男性稳重、成熟的特点。

拍摄低调画面时应选择颜色较少的环境，在用光时应使画面产生较大的阴影，正侧光、前侧光、侧逆光适合用作低调画面的主光。

前侧光配合深色衣服、黑色背景，营造出低调画面效果，再加上模特严肃的表情，共同塑造出男人稳重的特性

↻ 焦距：50mm ◆ 光圈：f/3.5 ◆ 快门速度：1/200s ◆ 感光度：ISO 100 ◆ 曝光补偿：0 EV ◆ 测光模式：点测光 ◆ 曝光模式：光圈优先

高调光影表现女性柔美一面

高调画面基本以白色或浅灰色为主，画面整体看上去都是浅色调，制造出一种淡雅、明亮的画面效果。

均匀的照明可以形成高调的画面，漫射光线也属于均匀的照明形式之一，所以在柔和的漫射光光线照明下，阴影也很淡。如果只是通过拍摄时曝光过度的办法获得高调效果，画面会产生暗淡、污浊的影调，并不是高调画面。因此拍摄时，被摄者和拍摄环境也尽量选择浅色调。高调照片通常能更好地表现出女性的柔美。

浅色的背景与洁白的婚纱，再适当增加曝光补偿，得到了一幅高调画面，而模特手中的蓝色花束则起到了画面亮点的作用

↻ 焦距：85mm ◆ 光圈：f/2.8 ◆ 快门速度：1/800s ◆ 感光度：ISO 200 ◆ 曝光补偿：+0.5 EV ◆ 测光模式：点测光 ◆ 曝光模式：光圈优先

利用阴天拍摄影调细腻的人像

阴天时，因为天空的云彩较多，光线属于比较柔和的漫反射光。这样的环境下拍摄人像画面，反差较小，没有很明显的明暗对比，画面中的阴影不明显，被摄者脸上不会显得凹凸不平，表现出丰富、细腻的画面影调，很适合表现女性。

阴天时光线比较均匀，可以使用矩阵测光

◑ 焦距：135mm ◆ 光圈：f/2.8 ◆ 快门速度：1/200s ◆ 感光度：ISO 200 ◆ 曝光补偿：+0.3 EV ◆ 测光模式：矩阵测光 ◆ 曝光模式：光圈优先

利用高色温光线表现人像的宁静美

高色温光线通常出现在清晨，可以营造冷调氛围。冷调画面中蓝、绿色占主体，通常会给人宁静、深远之感。如在炎热的夏天，人们在冷色环境中就会感觉到清凉、舒适。利用冷调拍摄的人像画面，没有太多跳跃的颜色，都是淡淡的冷色，给人一种安静、幽宁之感。

选择光线不强烈的上午拍摄，光线的色温较高

⊙ 焦距：85mm ◆ 光圈：f/5.6 ◆ 快门速度：1/100s ◆ 感光度：ISO 200 ◆ 曝光补偿：0 EV
◆ 测光模式：点测光 ◆ 曝光模式：光圈优先

利用低色温光线表现温馨感

低色温光线通常出现在日落前，利用室内低色温灯光也可以营造出暖调画面。暖调画面中红、黄色较多，给人温暖、热烈的视觉感受。如下图所示，利用黄色的光线拍摄的画面，很符合摄影师要表达的画面主题，暖暖的色调有种富丽堂皇的感觉。

暖色调也很适合表现女孩娇嫩的肌肤

☞ 焦距：40mm ◆ 光圈：f/5.6 ◆ 快门速度：1/60s ◆ 感光度：ISO 100 ◆ 曝光补偿：0 EV ◆ 测光模式：点测光 ◆ 曝光模式：光圈优先

前侧光使脸型更立体

前侧光就是指斜射光，就是光线投射的方向与拍摄对象、相机呈45°左右的水平角度。前侧光比较符合人们日常生活中的视觉习惯。利用前侧光拍摄人像时会使脸的大部分处于受光面，小部分处于背光面，这样使脸型看起来既明亮，又有立体感。

拍摄时可根据光照射的方向，选择有利的角度

☞ 焦距：85mm ◆ 光圈：f/1.6 ◆ 快门速度：1/500s ◆ 感光度：ISO 100 ◆ 曝光补偿：0 EV ◆ 测光模式：点测光 ◆ 曝光模式：光圈优先

利用侧光突显人物个性

　　侧光是指来自拍摄对象左侧或右侧的光线，同被摄者、照相机呈90°左右的水平角度。这个方向的光线能产生明显的阴影面，让画面产生的影子修长而富有表现力，可以让被摄者面部每一个细小的隆起处都产生明显的影子。采用侧光拍摄的画面可得到较强的造型效果，在人像摄影中，常采用侧光表现人物的情绪，突出人物的个性。

在测光下，被摄者面部明暗对比较强，反差明显，具有明显的阴影，使人物看起来很有个性

⚙ 焦距：85mm ◆ 光圈：f/8 ◆ 快门速度：1/125s ◆ 感光度：ISO 200 ◆ 曝光补偿：0 EV ◆ 测光模式：点测光 ◆ 曝光模式：快门优先

脚光减少眼袋、笑纹

脚光是指从被摄者下方射向上方的光线，可以打亮被摄者的脖子，还可以减少被摄者脸上的眼袋、笑纹，使被摄者面部光亮，皮肤白皙，所以这种光常在拍摄少女时使用。

脚光可以使人物的整个正面都变得很亮，很适合表现少女

⚲ 焦距：50mm ◆ 光圈：f/1.4 ◆ 快门速度：1/1600s ◆ 感光度：ISO 400 ◆ 曝光补偿：-0.3 EV ◆ 测光模式：点测光 ◆ 曝光模式：光圈优先

第2章 曝光与用光技巧实战——人像

散射光表现女性细腻的皮肤

虽然散射光不善于表现轮廓，锐度不强，但是由于散射光没有明显的明暗区分，画面看起来比较柔和，所以很适合表现女性的皮肤。如下图所示，画面中没有明显的明暗变化，被摄者的皮肤看起来也很细腻、平滑，让人感觉很舒服。

为了使被摄者看起来更加白皙，拍摄时可增加曝光补偿，提亮人物的皮肤

☜ 焦距：160mm ◆ 光圈：f/4 ◆ 快门速度：1/500s ◆ 感光度：ISO 200 ◆ 曝光补偿：+1 EV ◆ 测光模式：矩阵测光 ◆ 曝光模式：光圈优先

小光比的天气适合表现少女

小光比的天气画面反差小，没有很明显的明暗对比，拍摄人物时不会在脸上留下深重的阴影，画面中也几乎没有阴影，所以很适合表现少女的气质。如右图所示，多云的天气，光线呈漫反射，画面中少女橙色的衣裙光亮、温馨，衬托出少女白皙的肌肤和恬静的气质。

柔光的画面可选择矩阵测光的方式进行测光

☜ 焦距：50mm ◆ 光圈：f/4 ◆ 快门速度1/160s ◆ 感光度：ISO 200 ◆ 曝光补偿：+0.3 EV ◆ 测光模式：矩阵测光 ◆ 曝光模式：光圈优先

CASE 19

利用顶光表现头发质感

顶光是指在被摄者上方的光线，可在被摄者的头发上形成一圈光圈，使头部看起来很有立体感，头发的质感得到很好的展现，也从另一个方面表现了被摄者的性格特点。

顶光下，模特金黄色的头发被表现得很好，拍摄这样的画面时，需要对面部适当进行补光

◯ 焦距：200mm ◆ 光圈：f/4 ◆ 快门速度：1/100s ◆ 感光度：ISO 100 ◆ 曝光补偿：0 EV ◆ 测光模式：点测光 ◆ 曝光模式：光圈优先

CASE 20

在烈日下利用反光板为面部补光

烈日下拍摄时，容易使画面产生阴影，不宜表现女性柔美的性格，所以可以让被摄者背向阳光拍摄，以免在脸上留下深重的阴影，这样面部就不会有阴影了。为了缩小明暗差距，可以在被摄者的面部用反光板进行补光，提亮被摄者的面部。

为了使被摄者脸上不留下难看的阴影，可使被摄者背向阳光进行拍摄，并使用反光板对面部进行补光

◯ 焦距：85mm ◆ 光圈：f/2.8 ◆ 快门速度：1/500s ◆ 感光度：ISO 100 ◆ 曝光补偿：0 EV ◆ 测光模式：点测光 ◆ 曝光模式：光圈优先

用硬光表现男性的粗犷感

硬光就是指直射光线，可使被摄者产生强烈的阴影，画面的明暗对比较大，反差也大，很适合表现男性、山峦等。如下图所示，画面的影调效果很硬，突出了男性的粗犷，对人物的表现力很强。

硬光下画面的明暗差距较大，增强了画面的粗犷感，拍摄时可对准亮部进行测光，以获得合适的曝光

⊙ 焦距：50mm ◆ 光圈：f/1.8 ◆ 快门速度：1/10s ◆ 感光度：ISO 800 ◆ 曝光补偿：0 EV ◆ 测光模式：点测光 ◆ 曝光模式：光圈优先

CASE 22

柔光表现儿童的天真烂漫

柔和的光线很适合表现女性和儿童，能将女性和儿童细腻的肤质真实地表现出来。利用柔光来表现儿童天性纯真的性格非常合适。

拍摄儿童时，要注意提高快门速度，因为儿童不可能像大人那样让我们摆拍，拍摄时可选用大光圈，虚化杂乱的背景。

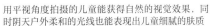

用平视角度拍摄的儿童能获得自然的视觉效果，同时阴天户外柔和的光线也能表现出儿童细腻的肤质

⚡ 焦距: 146mm ◆ 光圈: f/5 ◆ 快门速度: 1/125s ◆ 感光度: ISO 100 ◆ 曝光补偿: 0 EV ◆ 测光模式: 点测光 ◆ 曝光模式: 光圈优先

闪光灯可使少女脸部更白净

　　利用闪光灯不仅可以增强画面的亮度，还可以提高快门速度，是一种增加曝光量的方式。拍摄人像时常作为主要光源或是辅助光源，用来表现被摄者细腻的肤质，使人物面部显得更加纯净。拍摄时为了使光线不太硬，最好使用柔光罩。

人物的面部在暗背景的衬托下很突出

　⚲　焦距：85mm　◈　光圈：f/8　◈　快门速度：1/125s　◈　感光度：ISO 100　◈　测光模式：点测光
　　◈　曝光模式：手动模式

CASE **24**

利用闪光灯缩小画面反差

　　直射光线会使画面产生很明显的阴影，属于硬光，直射光线的画面明暗对比强，反差大，影调显得生硬，不利于对人物的表现。在这样的光线环境中，要利用闪光灯进行光线的平衡，缩小明暗反差，以增强画面的表现力，使人物与环境都得到准确的曝光。

为避免直射光线对画面造成强烈的阴影效果，利用闪光灯平衡画面

　○ 焦距：50mm ◆ 光圈：f/2.8 ◆ 快门速度 1/1250s ◆ 感光度：ISO 100 ◆ 曝光补偿：0 EV ◆ 测光模式：点测光 ◆ 曝光模式：光圈优先

CASE **25**

利用闪光灯在暗光中突出人物

　　在暗光环境中拍摄人像时，为了清晰地捕捉到人物的影像，可以采用提高感光度或是放大光圈的方式，但会降低画面质量或无法表现出画面的主题，这时可采用外置闪光灯对人物进行补光。

环境光线昏暗，人物在闪光灯补光的情况下曝光正常

　○ 焦距：50mm ◆ 光圈：f/4 ◆ 快门速度：1/125s ◆ 感光度：ISO 100 ◆ 曝光补偿：0 EV ◆ 测光模式：点测光 ◆ 曝光模式：光圈优先

CASE 26 水边拍摄时避免水面强烈反光

　　在水边拍摄美女，是大家常用的拍摄美女人像的方式之一。但是我们都知道，水面在太阳光的照射下容易引起反光，以至于破坏画面的效果。使用偏振镜可以消除或者减弱水面的反光。在没有偏振镜的情况下，则应当调整拍摄角度，选择不反光的位置取景。

采用低角度拍摄，不易产生反光

⊃ 焦距: 135mm ◆ 光圈: f/3.5 ◆ 快门速度: 1/200s ◆ 感光度: ISO 160 ◆ 曝光补偿: +0.7 EV ◆ 测光模式: 点测光 ◆ 曝光模式: 光圈优先

CASE 27 灵活使用反光板改变光源色

　　环境在拍摄人像中也很重要，不仅可以突出主体，还可以表现拍摄主题，美化画面。而周围环境的色彩往往也容易影响主体的色彩。如右图所示，背景环境中一片翠绿，充满朝气和活力，但人物却容易产生偏色现象。这时可以利用反光板将光线进行反射，从而改变或者弥补画面色彩，可修正轻微的偏色现象。

被摄者四周的环境均为绿色，为了避免环境色彩影响被摄者的肤色，可使用反光板

⊃ 焦距: 50mm ◆ 光圈: f/4.5 ◆ 快门速度: 1/125s ◆ 感光度: ISO 100 ◆ 曝光补偿: 0 EV ◆ 测光模式: 点测光 ◆ 曝光模式: 光圈优先

CASE 28 树林中拍摄时使用透光板过滤光线

在树林拍摄时，光线透过树冠易形成光斑，使光线分布不均匀。当照射在人脸上和身上的光线不均匀时，可将透光板放在被摄者上方，光线经过透光板变得柔和，使其明暗对比被缩小，变得均匀。

将透光板放在被摄者的上方过滤光线，柔和的光线使人物的肤色均匀

☞ 焦距: 200mm ✦ 光圈: f/2.8 ✦ 快门速度: 1/100s ✦ 感光度: ISO 100 ✦ 曝光补偿: 0 EV ✦ 测光模式: 点测光 ✦ 曝光模式: 光圈优先

CASE 29 投影增加画面形式感

影子在画面中具有丰富画面内容、平衡画面的作用。影子不仅可以增强人物的表现力，还可以增强画面的空间感。如下图所示，夕阳下，拉长的影子与剪影的人物形成形式感很强的画面。

若想得到剪影效果，可对着亮面测光

☞ 焦距: 40mm ✦ 光圈: f/8 ✦ 快门速度: 1/1250s ✦ 感光度: ISO 100 ✦ 曝光补偿: 0 EV ✦ 测光模式: 点测光 ✦ 曝光模式: 光圈优先

光晕营造浪漫气氛

通常我们喜欢用遮光罩挡住多余的光线，但利用光晕可以为画面制造不一样的画面效果。让镜头与阳光呈 45° 左右，即可拍出光晕效果。如左图所示，浪漫的场景加入光晕效果，使画面浪漫的气氛更加浓重，非常符合画面主题。

太阳在斜射角度时，最易形成光晕的效果

↻ 焦距：60mm ◆ 光圈：f/1.8 ◆ 快门速度：1/125s ◆ 感光度：ISO 100 ◆ 曝光补偿：+0.7 EV ◆ 测光模式：点测光 ◆ 曝光模式：快门优先

黄昏营造温馨气氛的人像

黄昏时分的光线变化多样且柔和，在拍摄人像时，暖暖的光线会为画面营造一种温馨、浪漫的气氛。如右图所示，女孩甜美的气质很适合利用黄昏的光线进行表现，斜射的温暖光线为画面营造了一种温馨的画面效果。

光线呈暖调时，给人温暖的感觉

↻ 焦距：50mm ◆ 光圈：f/2.2 ◆ 快门速度：1/1000s ◆ 感光度：ISO 160 ◆ 曝光补偿：0 EV ◆ 测光模式：点测光 ◆ 曝光模式：光圈优先

CASE 32 逆光的剪影效果人像

逆光很适合表现物体的质感，因为光的颜色能制造出很特殊的画面效果，对画面的表现力很强，具有强力的视觉冲击。日落时，光线比较柔和，色温低，形成一种暖调的画面效果，这时是拍摄逆光剪影的最佳时机。在逆光的场景下，被摄者的轮廓线会被清晰地勾勒出来。

在逆光的照射下，人物运动的姿态表现得更加明显，画面生动

⊙ 焦距: 18mm ◆ 光圈: f/10 ◆ 快门速度: 1/500s ◆ 感光度: ISO 100 ◆ 曝光补偿: 0 EV
◆ 测光模式: 点测光 ◆ 曝光模式: 光圈优先

窗边梦幻效果的人像

CASE 33

室内人像通常会有光线不足的问题，提高ISO，画质较差，用闪光灯，技术不过关人物显得很生硬，利用窗户的自然光既解决了光线不好的问题，又解决人造光光质不好控制的问题。如下图所示，在窗边拍摄的人像，摄影师故意使画面曝光过度一些，画面看起来很亮，形成一种不真实的梦幻的视觉效果。

对背光面测光，可以让受光面曝光过度，形成这样的画面效果

⊙ 焦距：50mm ◆ 光圈：f/4 ◆ 快门速度：1/60s ◆ 感光度：ISO 400 ◆ 曝光补偿：0 EV ◆ 测光模式：点测光 ◆ 曝光模式：光圈优先

CASE
34

眼神光使眼睛炯炯有神

　　眼神光是指眼睛接受光的照射后反射出来的光。眼神光、发型光、服饰光都属于修饰光，是对拍摄对象某一特定的局部进行细节表现所采用的光线。注意光线要柔和，最好不要出现两个以上的光斑，光线的光束越小越好。

眼神光突出了少女清纯、灵动的气质

⌒ 焦距：85mm ◆ 光圈：f/2.5 ◆ 快门速度：1/125s ◆ 感光度：ISO 400 ◆ 曝光补偿：0 EV
　◆ 测光模式：点测光 ◆ 曝光模式：光圈优先

CASE 35 轮廓光突出人物的轮廓线条

　　轮廓光用于表现被摄体的轮廓线条，多用于逆光的拍摄环境。当主体和背景影调重叠时，比如主体较暗、背景也暗时，轮廓光可起到分离主体和背景的作用。

　　在人造光源中，轮廓光经常和主光源、副光源配合使用，可使画面影调层次富于变化，增强画面的美感。

本来很平淡的背景由于利用了轮廓光，使被摄者与背景分离出来

　　焦距：73mm ◆ 光圈：f/5.6 ◆ 快门速度：1/60s ◆ 感光度：ISO 320 ◆ 曝光补偿：0 EV ◆ 测光模式：点测光 ◆ 曝光模式：光圈优先

CASE 36 背景光制造画面气氛，表现人物性格

背景光常用来提亮背景，营造环境氛围。通常背景光可根据被摄者的性格特点来布光。如下图所示，个性十足的帅气女孩，一束强光打在背景上，照亮以枯草布置的背景，展现了背景的原始、粗野，突显女孩帅气的性格特点，营造出颇具个性的画面气氛。

对准亮部测光，可使暗部更暗，制造特别的画面气氛

🎧 焦距：50mm ◈ 光圈：f/5.6 ◈ 快门速度：1/125s ◈ 感光度：ISO 400 ◈ 曝光补偿：0 EV ◈ 测光模式：点测光 ◈ 曝光模式：光圈优先

利用深色背景光突出人物

　　背景光可打亮背景，使平淡的背景形成发光状，在画面中很好看，也使被摄者与背景分离出来，增加画面的空间感。如下图所示，背景光打在深色的背景上，使深色的背景不再很平，使画面产生了空间感，也使浅色衣服的被摄者与背景分离开。

　　⏺ 焦距：50mm ◆ 光圈：f/3.5 ◆ 快门速度：1/125s ◆ 感光度：ISO 100 ◆ 曝光补偿：0 EV ◆ 测光模式：点测光 ◆ 曝光模式：光圈优先

利用背景光可制造很多不一样的画面效果，不只能分离被摄者与人物

第 3 章

曝光与用光技巧实战
——风光

CASE 38

利用点测光拍摄日出日落

拍摄日出日落时，较难掌握的是曝光控制，此时天空和地面的亮度反差较大，如果对准太阳测光，太阳的层次和色彩会有较好的表现，但会导致云彩、天空和地面上的景物曝光不足，呈现出一片漆黑的景象；而对准地面景物测光，会导致太阳和周围的天空曝光过度，从而失去色彩和层次。

正确的曝光方法是使用点测光模式，对准太阳附近的天空进行测光，这样不会导致太阳曝光过度，而天空中的云彩也有较好的表现。

为了保险，可以在标准曝光数值的基础上，增加或减少一挡或半挡曝光补偿，再拍摄几张照片，以增加挑选的余地。如果没有把握，不妨使用包围曝光，以避免错过最佳拍摄时机。

一旦太阳开始下落，光线的亮度将明显下降，很快就需要使用慢速快门进行拍摄，这时若用手托举着长焦镜头会很不稳定。因此，拍摄时一定要使用三脚架。拍摄日出时，随着时间推移，所需要的曝光数值会越来越小；而拍摄日落则恰恰相反，所需要的曝光数值会越来越大，因此在拍摄时应该注意随时调整曝光参数。

城市深处，建筑林立，夕阳西下，以逆光拍摄，把前景处湖面上的游船也纳入画面，使其呈现为剪影，不但为画面增添了活力，而且落日余晖下正在向着岸边划去的小艇，也使画面有种落幕的感觉

◐ 焦距：200mm ◆ 光圈：f/8 ◆ 快门速度：1/800s ◆ 感光度：ISO 100 ◆ 曝光补偿：0 EV ◆ 测光模式：点测光 ◆ 曝光模式：光圈优先

小光圈捕捉水面晶莹的反光

　　水面的反光如果拍摄不好，看起来就像一块空白，非常影响画面效果。拍摄时可利用小光圈，让进光量减少，同时增大画面的景深，这样拍摄出来的水面不但不会破坏画面氛围，反而会制造特殊的画面效果，更能突显水面的波光粼粼。

水面的反光在小光圈的作用下形成长长的波光条，非常漂亮

⋒ 焦距：70mm ◆ 光圈：f/6.3 ◆ 快门速度：1/2000s ◆ 感光度：ISO 100 ◆ 曝光补偿：0 EV ◆ 测光模式：点测光 ◆ 曝光模式：光圈优先

CASE 40 小光圈表现灯光的星芒效果

　　夜间的景色由于灯光的点缀非常绚丽，拍摄时要利用小光圈和长时间快门曝光，这样拍摄出来的画面景深大，灯光的光线呈放射状，在五光十色中展现城市的热闹繁华。如下图所示，摄影师利用三脚架固定相机拍摄的夜景，呈星芒效果的灯光在暗色的夜空下更加夺目。

桥梁上的装饰灯光在小光圈的作用下，每一束灯光都形成耀眼的星芒，使画面变得非常璀璨

　　∩ 焦距：18mm ◆ 光圈：f/8 ◆ 快门速度：8s ◆ 感光度：ISO 100 ◆ 曝光补偿：-0.7 EV ◆ 测光模式：矩阵测光 ◆ 曝光模式：光圈优先

大光圈表现树叶的半透明感

在枝叶浓密的树林中，光线通过树叶之间的缝隙照射进来，随着树叶的摆动，在画面中形成耀眼的透明状。拍摄时尽量选择深色的背景，这样半透明的效果就更明显，还需要结合大光圈减小景深，使被摄体更突出。

在黑色背景的衬托下，半透明的树叶非常突出

↻ 焦距：160mm ◆ 光圈：f/3.5 ◆ 快门速度：1/250s ◆ 感光度：ISO 100 ◆ 曝光补偿：-0.7 EV ◆ 测光模式：点测光 ◆ 曝光模式：光圈优先

慢速快门捕捉风的痕迹

相机也可以捕捉到风的痕迹，那就是利用植物来表现。在微风的天气里利用慢速快门记录下看似发虚的照片，照片看起来如梦似幻，也把风吹过的感觉表现出来了。

在慢速快门下，花枝被风吹动的轨迹被记录了下来，拍摄时，为了防止相机抖动，再使用三脚架固定

↻ 焦距：200mm ◆ 光圈：f/4 ◆ 快门速度：1/15s ◆ 感光度：ISO 200 ◆ 曝光补偿：0 EV ◆ 测光模式：矩阵测光 ◆ 曝光模式：快门优先

107

CASE
43

拍摄月亮并不需要大光圈

虽然是夜间拍摄，其实月亮的亮度很高，通常f/11适合拍摄满月，f/8适合拍摄弦月，f/5.6适合拍摄新月。参照这一规律，选择光圈优先模式进行拍摄，针对月亮进行点测光，在此基础上适度地进行负曝光补偿，以确保月亮不会因曝光过度而失去细节。

根据月亮的大小设定光圈的大小，过大的光圈设置会使月亮失去很多细节

🎵 焦距：160mm ◆ 光圈：f/11 ◆ 快门速度：1/20s ◆ 感光度：ISO 200 ◆ 曝光补偿：-0.7 EV ◆ 测光模式：点测光 ◆ 曝光模式：光圈优先

CASE 44 利用曝光过度去掉画面的不利因素

当拍摄现场的景物不利于表现画面的主体时，我们可以尝试利用曝光不足或曝光过度，去除画面中的不利因素，以突出画面的主体。如下图所示，利用曝光过度去掉湖水周围杂乱环境中的细节部分，突出纯净的蓝色湖水，使画面看起来干净简洁。

对准湖水曝光，可使湖水曝光准确，还可以去除杂乱的环境

🎧 焦距：17mm ◆ 光圈：f/16 ◆ 快门速度：1/40s ◆ 感光度：ISO 200 ◆ 曝光补偿：0 EV ◆ 测光模式：矩阵测光 ◆ 曝光模式：光圈优先

曝光不足拍出有"光"的感觉

曝光准确不一定就会得到最佳的画面效果。拍摄时，可尝试降低曝光量，故意拍摄曝光不足的画面，使较暗的部分损失一些细节，从而让亮部更突出。如下图所示，逆光拍摄的树木，低角度的太阳从树木的后面摄过来，摄影师故意降低曝光值，使画面变暗，突出了光线的部分，使画面中有光的部分看起来很显眼，表现出很特殊的画面效果。

明暗对比很明显的画面，拍摄这样的场景时，可根据想要表现的部分进行曝光，以达到想要的画面效果

♈ 焦距：18mm ◆ 光圈：f/10 ◆ 快门速度：1/125s ◆ 感光度：ISO 100 ◆ 曝光补偿：0 EV ◆ 测光模式：矩阵测光 ◆ 曝光模式：光圈优先

减少曝光突出树林的茂密

拍摄树林时，可使用长焦镜头压缩空间以突出树林的郁郁葱葱。减少曝光，使画面的亮度降低，较暗的色彩会给人更紧凑的视觉感受，使树林的茂密感更加明显。

通过减少适当的曝光补偿，使树林的色彩看起来更加葱茏

⊃ 焦距：180mm ◆ 光圈：f/10 ◆ 快门速度：1/100s ◆ 感光度：ISO 200 ◆ 曝光补偿：-0.7 EV ◆ 测光模式：矩阵测光 ◆ 曝光模式：光圈优先

慢快门记录烟花的绽放

绚烂的烟花具有迷人的色彩和独特的造型感。在喜庆的节日里，经常会看到燃放的烟花，由于烟花燃放的时间短暂，拍摄时一定要把握最佳时机，利用相机记录下美丽的瞬间。拍摄时，尽量延长曝光时间，才可以记录下烟花美丽的轨迹。

小光圈既可以使画面获得前后都清晰的效果，也可以延长曝光时间，从而拍摄到多组烟花绽放在空中的画面

◑ 焦距：18mm ◆ 光圈：f/16 ◆ 快门速度：6s ◆ 感光度：ISO 200 ◆ 曝光补偿：0 EV ◆ 测光模式：矩阵测光 ◆ 曝光模式：手动模式

借助白平衡使日出日落更绚丽

拍摄夕阳时，为使画面的暖调更加明显，可调整相机的白平衡，使画面色彩表现得更加绚丽多彩，可选择阴天模式的白平衡进行拍摄。同时，白平衡还用于不同光线下的场景拍摄，可将拍摄对象的真实色彩准确地还原出来。

摄影师用阴天白平衡拍摄的画面，使夕阳绚丽、温暖的感觉表现得更浓郁

☉ 焦距：17mm ◆ 光圈：f/14 ◆ 快门速度：1/1600s ◆ 感光度：ISO 200 ◆ 曝光补偿：0 EV ◆ 测光模式：点测光 ◆ 曝光模式：光圈优先

高调影像表现雪景的纯净

高调画面中多以白色或浅色为主，画面很干净，表现出一种淡雅、明亮的画面效果。利用高调来表现雪景是常用的拍摄手段。拍摄时可结合实际的拍摄场景和光线进行选择，如搭配一些彩色的景物，使之为纯净的画面增添一些亮点。

画面整体为浅色调，以白色为主，红色的点缀使画面立刻变得生动活泼起来

☉ 焦距：50mm ◆ 光圈：f/8 ◆ 快门速度：1/125 ◆ 感光度：ISO 100 ◆ 曝光补偿：+1 EV ◆ 测光模式：矩阵测光 ◆ 曝光模式：光圈优先

CASE 50

利用冷色调表现清晨静谧的感觉

　　清晨的光线在太阳还未完全出来时，色温较高，颜色偏冷，拍摄出来的画面有种静谧的感觉，适合表现清晨的幽静。冷色调通常给人冷清之感，在拍摄清晨时，可结合周围一些其他元素来衬托清晨清新的感觉，如宁静的水面，优美的倒影，都可以很好地表现这种静谧的气氛。

画面整体呈现冷调的效果，表现出了清晨的冷清感

⊙ 焦距：24mm ◆ 光圈：f/11 ◆ 快门速度：1s ◆ 感光度：ISO 125 ◆ 曝光补偿：0 EV ◆ 测光模式：矩阵测光 ◆ 曝光模式：光圈优先

CASE 51
捕捉"耶稣光"

　　"耶稣光"也称丁达尔光线，是由云层不停运动，阳光透过厚厚的云层缝隙照射下来而形成的美丽光束。这样的场景难得一见，而且转瞬即逝，适当降低曝光补偿，可以让光束更明显。

拍摄时降低曝光补偿，让周围环境呈现较暗的色调，使光束的感觉更强烈

　　焦距：16mm　　光圈：f/18　　快门速度：1/100s　　感光度：ISO 200　　曝光补偿：-0.3 EV　　测光模式：点测光　　曝光模式：光圈优先

CASE 52

侧光突出山峦的立体感

　　拍摄山景的时候，侧光是使用较多的光位，因为侧光可以让山体出现明显的明暗对比，利用对比可以突出山峦坚毅的性格，增强画面的层次感和立体感。

斜阳从山的一侧照过来，使山体形成了明显的受光面与背光面，增强了画面的层次感和立体感

　　⟲ 焦距：20mm ◆ 光圈：f/14 ◆ 快门速度：1/125s ◆ 感光度：ISO 500 ◆ 曝光补偿：-0.3 EV ◆ 测光模式：点测光 ◆ 曝光模式：光圈优先

CASE 53

逆光呈现山峦的剪影效果

　　以逆光拍摄山峦时，由于光线来自山的背面，所以会形成很强烈的明暗对比，此时若以天空为曝光依据的话，可以将山峦处理成剪影的形式。在构图时要选择比较有形体特点的山峦进行表现，或者以天空的彩霞来丰富、美化画面。

通过剪影表现山峦时，可利用色彩来丰富画面

　　⟲ 焦距：50mm ◆ 光圈：f/8 ◆ 快门速度：1/500s ◆ 感光度：ISO 800 ◆ 曝光补偿：0 EV ◆ 测光模式：点测光 ◆ 曝光模式：光圈优先

CASE 54

顺光表现原野的色彩

顺光就是指光源和相机基本处于同一方向和高度，这样的画面看起来基本没有阴影，反差小。利用顺光拍摄的画面色调和影调较为平淡，但是顺光拍摄原野可将其色彩真实地表现出来。

利用横构图表现的原野，视野感觉很开阔，在顺光照射下，原野的色彩得到了真实还原，并表现出丰富的色彩层次

☉ 焦距：29mm ✦ 光圈：f/10 ✦ 快门速度：1/640s ✦ 感光度：ISO 100
✦ 曝光补偿：0 EV ✦ 测光模式：矩阵测光 ✦ 曝光模式：光圈优先

CASE 55

逆光表现冰凌的晶莹

拍摄冰凌时，要注意突出冰凌透明的特质来。为避免因反光影响画面效果，选择合适的拍摄角度，可借助逆光光线表现冰凌的质感，突出晶莹剔透的视觉效果。如下图所示，侧逆光下的冰闪着亮洁的光芒，简单的蓝色天空作为背景，使画面看起来干净、明朗。

拍摄时要避开杂乱的背景，这样有利于突出冰的透明感

☉ 焦距：35mm ✦ 光圈：f/9 ✦ 快门速度：1/250s ✦ 感光度：ISO 100 ✦ 曝光补偿：+1 EV ✦ 测光模式：矩阵测光 ✦ 曝光模式：光圈优先

CASE 56 侧光表现云雾缭绕的迷人晨景

　　清晨的光线充足且柔和，此时正是捕捉美景的绝佳时机。清晨雾气未散之时，太阳暖暖的光线透过雾气照射在雪后城市宁静的一角。由于雾气的折射，侧光令雾气中的画面出现了明暗过度，在画面中也表现出方向感来，橘红的色调使这个清晨变得温暖与梦幻。

侧光的照射下，画面呈现一种清静、温馨的感觉

　　📷 焦距：35mm ◆ 光圈：f/9 ◆ 快门速度：1/200s ◆ 感光度：ISO 200 ◆ 曝光补偿：-1 EV ◆ 测光模式：矩阵测光 ◆ 曝光模式：光圈优先

利用不同时间的阳光为云彩染色

　　清晨的阳光色温较低，云彩呈灰白色，受阳光直射部分常常呈现为橘红色的暖调，未被阳光照射的部分由于色温较高，所以阴影部分呈现为偏蓝紫色的冷调。黄昏时云彩均呈现出耀目的黄色、红色，能够拍摄到漂亮的火烧云景观。拍摄可针对云海阴影部分测光以得到正确的曝光数据，使阳光照射下的云彩成为画面中的高光部分，同时兼顾了亮部的景物，使画面整体层次丰富、透视感强。

清晨时的云彩被阳光照射后呈现金色

○ 焦距: 17mm ◆ 光圈: f/11 ◆ 快门速度: 1/500s ◆ 感光度: ISO 200 ◆ 曝光补偿: -0.3 EV ◆ 测光模式: 矩阵测光 ◆ 曝光模式: 光圈优先

傍晚时的云彩被阳光照射为火红色

⟳ 焦距: 17mm ◆ 光圈: f/11 ◆ 快门速度: 1/500s ◆ 感光度: ISO 200 ◆ 曝光补偿: -0.3 EV ◆ 测光模式: 矩阵测光 ◆ 曝光模式: 光圈优先

CASE 58　借助侧光表现雾景的层次感

　　拍摄雾景时，利用薄雾可以掩盖杂乱的背景，突出被摄主体，增强画面的表现力。侧光最适合表现雾景，利用明暗对比突出被摄物的立体感。如下图所示，侧光的照射下，山峦的明暗对比很明显，也突显出了雾气的层次感来。

侧光的照射下，雾景层次分明，近景很清晰，不利于突出主体的远景被虚化掉

⋒ 焦距：28mm ◆ 光圈：f/8 ◆ 快门速度：1/80s ◆ 感光度：ISO 100 ◆ 曝光补偿：0 EV ◆ 测光模式：点测光
◆ 曝光模式：光圈优先

CASE 59

逆光表现波光粼粼的水面

利用逆光拍摄的水面，能让水面产生一定的光影效果，波纹的加入可使画面看起来更加生动。逆光可产生明显的明暗对比，画面下方小舟、天空中飞翔的鸟儿的加入也加强了画面的形式美感。

在日落柔和光线下拍摄的画面，展现出了水面碧波荡漾的特点

⚬ 焦距：200mm ◆ 光圈：f/11 ◆ 快门速度：1/640s ◆ 感光度：ISO 100 ◆ 曝光补偿：-0.7 EV ◆ 测光模式：点测光 ◆ 曝光模式：光圈优先

CASE 60

利用夕阳余晖渲染日落海面

在日落时分拍摄水景时，可借助于夕阳余晖将水面渲染成美丽的颜色。由于此时的色温较低，画面色调会偏暖，并且还可以通过调整白平衡加强这种暖色调的画面效果。

使用阴天白平衡模式拍摄日落时的海面，可使画面中的暖调更加浓郁

⊃ 焦距：20mm ◆ 光圈：f/20 ◆ 快门速度：1/2s ◆ 感光度：ISO 100 ◆ 曝光补偿：0 EV ◆ 测光模式：点测光 ◆ 曝光模式：光圈优先

CASE 61

硬光拍摄风景层次分明

在硬光的照射下，画面中有明显的阴影，由于受光面与背光面分明，所以画面看起来特别明朗。如下图所示，在硬光照射下，草原上的牛身下都有深深的影子，使牛与平坦的草原区分离开，画面明暗分明，灰调较少，色彩明亮。

硬光的画面立体感强，层次分明。使用矩阵测光模式可以很好地均衡天空与地面的亮度差，使画面得到合适的曝光

🎧 焦距：24mm ◆ 光圈：f/9 ◆ 快门速度：1/1250s ◆ 感光度：ISO 100 ◆ 曝光补偿：0 EV ◆ 测光模式：矩阵测光 ◆ 曝光模式：光圈优先

偏振镜使天空更蓝

拍摄风光照时，如果只对着地面测光，会导致天空曝光过度，显得天空过亮且缺少层次感。使用偏振镜就可以避免这样的现象发生，既保证地面曝光正常的同时，使天空更加蔚蓝，而且还可以突出云彩的立体感。

运用偏振镜消除了天空的偏振光，使得
画面的色彩变得更加干净、饱满

☉ 焦距：16mm ◆ 光圈：f/8 ◆ 快门速度：1/1600s ◆ 感光度：ISO 100 ◆ 曝光补偿：0 EV ◆ 测光模式：点测光 ◆ 曝光模式：光圈优先

CASE 63

利用中灰渐变镜缩小天空与地面的亮度差距

天空的亮度往往高于地面很多，当画面中同时出现地面和天空时，总有一方是曝光不准的，为了让天空和地面的景物都真实呈现出来，可以利用中灰渐变镜来缩小天空和地面的反差，得到曝光合适的画面。

利用中灰镜降低了天空与地面的反差，
得到准确曝光的画面

⊙ 焦距：17mm ◆ 光圈：f/10 ◆ 快门速度：1/2s ◆ 感光度：ISO 200 ◆ 曝光补偿：0 EV ◆ 测光模式：点测光 ◆ 曝光模式：光圈优先

CASE **64**

利用星光镜表现夜晚的灿烂灯光

夜晚有与白天截然不同的景色。白天的城市呈现自然平淡的色泽，而在夜晚七彩的霓虹灯装扮下色彩斑斓，景象繁荣。拍摄夜晚的灯光时，可采用延长曝光时间、缩小光圈的方式，将光线以祥光的造型呈现在画面上，为使灯光的效果更加明显，可以利用星光镜，以得到灿烂的星光状的灯光效果。

利用小光圈加星光镜，使画面看起来灯光璀璨

⊙ 焦距：18mm ◆ 光圈：f/13 ◆ 快门速度：10s ◆ 感光度：ISO 160 ◆ 测光模式：矩阵测光 ◆ 曝光模式：手动曝光

借助倒影表现湖泊

拍摄湖泊时，不像拍摄海洋一样可以表现宽阔感，也没有水的流动性，但可以利用水面倒影来表现湖泊的宁静、清澈。拍摄倒影时，除了可采用实景与倒影组成的对称式构图外，还可以排除实景，只拍摄倒影，使画面看起来更有意思。

平静的湖面形成的倒影使得画面层次丰富，形成对称式构图

⊙ 焦距：18mm ◆ 光圈：f/13 ◆ 快门速度：1/250s ◆ 感光度：ISO 200 ◆ 曝光补偿：-0.5 EV ◆ 测光模式：点测光 ◆ 曝光模式：光圈优先

借助投影增强画面空间感

拍摄树木时可利用投影来增强画面的空间感和形式美感。如下图所示，逆光拍摄的黑色树干和黑色影子将画面有秩序地分割成几部分，明亮的阳光和翠绿的草色彩绚丽，增添了画面的色彩感，而投影倾斜的角度则增加了画面的空间感。

为了达到这样的画面效果，可对准草地测光，真实还原草地的色彩

⊙ 焦距：27mm ◆ 光圈：f/5 ◆ 快门速度：1/250s ◆ 感光度：ISO 100 ◆ 曝光补偿：0 EV ◆ 测光模式：点测光 ◆ 曝光模式：光圈优先

CASE 67

拍夜景别等天黑

夜晚的景色是常见的拍摄题材，闪烁的霓虹灯为司空见惯的城市增添了很多光彩。为了让天空不是一片死黑，在夜幕降临时拍摄，此时不但灯光亮起，天空还有丰富的细节表现。

使用小光圈拍摄的画面，长时间曝光记录下夜景的繁华

🔘 焦距：28mm ◆ 光圈：f/11 ◆ 快门速度：2s ◆ 感光度：ISO 100 ◆ 曝光补偿：0 EV ◆ 测光模式：矩阵测光 ◆ 曝光模式：光圈优先

CASE
68

利用眩光让风景生动起来

　　眩光是强烈的光线直接照射所形成的画面效果，通常来自于太阳直射光线、强烈的灯光等。利用眩光拍摄空旷的风景时，可让相对枯燥的画面生动起来。眩光通常在逆光、侧逆光、侧光下产生。

眩光为单调的画面增添了几分生动

　　🎧 焦距：15mm ✦ 光圈：f/8 ✦ 快门速度：1/320s ✦ 感光度：ISO 100 ✦ 曝光补偿：0 EV ✦ 测光模式：矩阵测光 ✦ 曝光模式：光圈优先

拥有浪漫色彩的眩光，在纯净的画面中更添加了一种童话的感觉

CASE 69

丰富的影调使山水画面充满变化

影调是构成画面影像的基本因素，画面中的明暗层次直接体现在影调的细腻程度上。拍摄山水风光时，多使用侧光或者侧逆光，目的是让画面出现明暗变化，让影调更丰富。同时也要注意云层投下的阴影，合理利用可以增加画面美感。

利用云层投下的阴影，丰富了画面元素，避免场景枯燥乏味

⋒ 焦距：16mm ◆ 光圈：f/11 ◆ 快门速度：1/200s ◆ 感光度：ISO 100 ◆ 曝光补偿：−0.5 EV ◆ 测光模式：矩阵测光 ◆ 曝光模式：快门优先

CASE 70 利用CPL偏振镜拍出清澈见底的湖水

由于水面的反光，在拍摄水景时往往无法拍出清澈见底的效果。而利用CPL偏振镜，则可以有效防止反光，让水底的礁石清晰地呈现出来，既能够表现湖水的清澈，还可以让画面更具空间感。

使用偏振镜消除水面的反光，从而拍摄到更加清澈的水面

⋒ 焦距：35mm ◆ 光圈：f/16 ◆ 快门速度：1/80s ◆ 感光度：ISO 100 ◆ 曝光补偿：0 EV ◆ 测光模式：评价测光 ◆ 曝光模式：光圈优先

第 4 章

曝光与用光技巧实战
——建筑

CASE 71

利用小光圈拍摄清晰的建筑及环境

拍摄建筑物时，由于建筑物的体积较大，尽量选择较小的光圈，从而获得较大的景深，可以得到建筑与周围环境都很清晰的画面。如下图所示，利用小光圈拍摄的大景深的画面，画面的整体都很清晰，不仅建筑物被表现出来了，建筑物周围的环境也被很好地表现出来。

想要表现建筑周围的环境时，最好选择绿色植物较多的季节，这样画面拍出来也好看

◯ 焦距：100mm ◆ 光圈：f/11 ◆ 快门速度 1/125s ◆ 感光度：ISO 100 ◆ 曝光补偿：0 EV ◆ 测光模式：矩阵测光 ◆ 曝光模式：光圈优先

CASE 72

利用慢速快门虚化建筑周围的人群

如果建筑附近有较多的人群会令画面显得比较杂乱，此时可以使用慢速快门，将移动的人群虚化掉，如果曝光时间足够长，画面中的人甚至可以消失不见。

如下图所示，来来往往的人群很容易会让画面的重点不突出，而当使用慢速快门将他们虚化掉之后，画面既显得更简洁，建筑也得到了突出。

慢门将街上的人群拍摄出流动效果

◯ 焦距：45mm ◆ 光圈：f/8 ◆ 快门速度：3s ◆ 感光度：ISO 400 ◆ 曝光补偿：-0.7 EV ◆ 测光模式：矩阵测光 ◆ 曝光模式：快门优先

利用三脚架使用较低的ISO拍摄夜景

由于夜景建筑的光线不好，所以往往需要使用较高的ISO。利用三脚架稳定相机后，就可以使用慢速快门拍摄，从而降低ISO数值，让照片的画质更好。

在拍摄夜景建筑时，可以利用三脚架进行长时间曝光，利用灿烂的灯光点缀夜晚，从而获得很好看的画面效果

◎ 焦距：24mm ◆ 光圈：f/16 ◆ 快门速度：10 s ◆ 感光度：ISO 100 ◆ 曝光补偿：0 EV ◆ 测光模式：矩阵测光 ◆ 曝光模式：光圈优先

拍摄室内建筑不要惧怕提高ISO

在拍摄室内建筑时光线条件往往较差，如果为了减少噪点而刻意不提高ISO就需要使用较低的快门速度，而这也往往导致因手抖造成的画面模糊。

手抖造成的画面模糊对于一张室内建筑照片是巨大的缺陷，并且无法后期修复。提高ISO虽然会使画面噪点过多，但毕竟照片是清晰的，而且过多的噪点也可以通过后期降噪来有效处理。

因此在室内拍摄时，如果光线条件较差，并且没有闪光灯、常亮灯等补光措施，提高ISO，让快门速度达到安全快门（安全快门＝当前使用焦距的倒数）是正确的拍摄方法。

拍摄室内建筑时，为了让画面亮度正常，宁可提高ISO，也不要使用低于安全快门的快门速度拍摄

◎ 焦距：24mm ◆ 光圈：f/11 ◆ 快门速度 1/50s ◆ 感光度 ISO 800 ◆ 曝光补偿：0 EV ◆ 测光模式：矩阵测光 ◆ 曝光模式：光圈优先

利用慢速快门拉曝建筑灯光

在拍摄建筑灯光时，可以使用慢速快门拍摄，并且在曝光过程中匀速拧动变焦环，从而实现灯光拉曝的效果。

如下图所示，通过平稳、匀速地拧动对焦环，建筑灯光形成了光轨，具有很强的视觉冲击力。

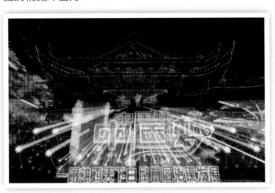

在拧动对焦环时做到稳定、流畅，才能拍出清晰的灯光拉曝效果

◯ 光圈：f/10 ◆ 快门速度：5s ◆ 感光度：ISO 100 ◆ 曝光模式：手动模式

硬光下的建筑层次分明

硬光照射下，物体上会有很明显的明暗效果，画面反差较大，阴影较重，可以把建筑物的层次表现得很明显。如下图所示，在硬光下的建筑物有明显的阴影，阴影使建筑看起来层次分明，画面有明朗之感。

画面中的建筑物较为复杂，拍摄时应选择简单的天空作为背景

◯ 焦距：15mm ◆ 光圈：f/10 ◆ 快门速度：1/640s ◆ 感光度：ISO 100 ◆ 曝光补偿：0 EV ◆ 测光模式：矩阵测光 ◆ 曝光模式：光圈优先

CASE 77

散射光可突出建筑的沧桑感

阴天时的散射光线有种厚重感,适合拍摄有年代感的建筑。如右图所示,中国最典型的建筑物——长城,也是摄影爱好者常拍的题材之一,画面中远处的长城被掩盖在淡淡的雾气中,更显示出轻灵飘逸、沧桑的感觉,很符合建筑的特点。

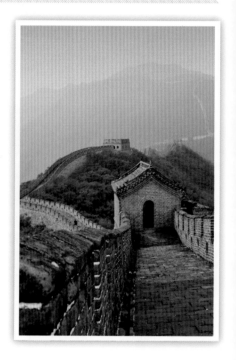

在雾气的作用下,形成了虚实对比,增强了画面的空间感

⊃ 焦距:28mm ◆ 光圈:f/8 ◆ 快门速度:1/1250s ◆ 感光度:ISO 400 ◆ 曝光补偿:0 EV ◆ 测光模式:矩阵测光 ◆ 曝光模式:光圈优先

CASE 78

前侧光下的建筑物很有立体感

拍摄建筑物,表现其立体感很重要。前侧光是很适合的光线,因为可使建筑物的大部分处于受光面,小部分处于背光面,这样既不会使画面显得过暗,又因明暗对比使建筑物的立体感很明显。

为了美化画面,拍摄没什么颜色特点的建筑物时,可借用绿色植物作为前景

⊂ 焦距:50mm ◆ 光圈:f/8 ◆ 快门速度:1/125s ◆ 感光度:ISO 100 ◆ 曝光补偿:0 EV ◆ 测光模式:矩阵测光 ◆ 曝光模式:快门优先

CASE 79 借助室内灯光拍摄建筑内部

人造灯光总能表现出超乎想象的美感来，拍摄室内特色建筑时可以借助这一点。如左图所示，在暖色的黄色光线中，装饰精美的厅堂一片金碧辉煌，地面上倒映着中间很引人注目的圣诞树，气派中又洋溢着节日的喜庆与欢乐。

合适的光线可以烘托出建筑的风格

◯ 焦距：35mm ◆ 光圈：f/4.5 ◆ 快门速度：1.8s ◆ 感光度：ISO 100 ◆ 曝光补偿：0 EV ◆ 测光模式：矩阵测光 ◆ 曝光模式：光圈优先

CASE 80 利用反光表现建筑的现代感

现代建筑与传统建筑不同，很多的建筑表面是玻璃幕墙。如下图所示，摄影师采用很低的角度，从下往上拍，利用广角强烈的透视变形表现出建筑物的高耸，由于建筑物的外部是玻璃幕墙，上面倒映着白云，使建筑物看起来现代感十足。

仅仅是简单的几个元素，结合建筑反光的特点，就使画面别具新意

◯ 焦距：18mm ◆ 光圈：f/10 ◆ 快门速度：1/640s ◆ 感光度：ISO 200 ◆ 曝光补偿：0 EV ◆ 测光模式：矩阵测光 ◆ 曝光模式：光圈优先

暮色中的夜景建筑

CASE 81

夜间摄影有两种，一种是天全黑时的，一种是天还没黑时。天没全黑时拍摄的画面中天空的颜色呈藏蓝色，色彩清冷，颇有看头，可以增强画面的空间感。由于需要较长的曝光时间，注意拍摄时要利用三脚架固定相机，以得到清晰的画面。

黄色的灯光配合蓝色的天空，使画面看起来很引人注目

⊂ 焦距：18mm ◆ 光圈：f/10
◆ 快门速度：2.5s ◆ 感光度：
ISO 100 ◆ 曝光补偿：0 EV
◆ 测光模式：点测光 ◆ 曝光
模式：光圈优先

利用明暗反差强化照片层次感

CASE 82

为了使建筑物看起来层次分明，可以利用场景中的明暗反差。

如右图所示，在拱门内拍摄，画面中会产生阴影或投影，呈现出比较明显的明暗对比，有利于体现建筑照片的空间感。

画面中的暗部形成了框式构图，有效突出了作为主体的建筑

⊃ 焦距：35mm ◆ 光圈：f/11 ◆ 快门速度：
1/400s ◆ 感光度：ISO 400 ◆ 曝光补偿：0 EV
◆ 测光模式：点测光 ◆ 曝光模式：光圈优先

顺光下的建筑颜色很柔和

利用顺光拍摄建筑物时，最好选择颜色鲜艳的建筑物，因为顺光的画面中阴影较少，不会破坏颜色的表现。如下图所示，顺光下拍摄的群体建筑在蓝天白云的映衬下，一栋栋彩色的楼房色彩鲜艳、明亮，在水面和天空的映衬下显得宁静、祥和。

使用顺光拍摄的画面中没有明显的阴影，使画面颜色淡雅

⊙ 焦距：17mm ◆ 光圈：f/16 ◆ 快门速度：1/125s ◆ 感光度：ISO 200 ◆ 曝光补偿：-0.3 EV ◆ 测光模式：矩阵测光 ◆ 曝光模式：光圈优先

慢速快门表现建筑灯光

拍摄夜间的建筑时，灯光的表现是必不可少的，霓虹灯五颜六色的颜色可以很好地点缀夜晚暗淡的天空，美化、丰富画面。如下图所示，拍摄时稍微增加了曝光的时间，使灯光拉成线，画面中形成美丽的光圈。

拍摄时可以缩小光圈，延长曝光时间，以得到清晰的大景深画面

⊙ 焦距：35mm ◆ 光圈：f/8 ◆ 快门速度：2s ◆ 感光度：ISO 200 ◆ 曝光补偿：0 EV ◆ 测光模式：点测光 ◆ 曝光模式：光圈优先

黄昏的光线衬托建筑物的气势

拍摄大型建筑物时，如果建筑物周围没有较高的绿色植物或其他装饰，拍出来的画面看起来会很单调，不利于建筑物的表现。如下图所示，摄影师借用傍晚的光线，在建筑物后面形成一个很大的光晕，把整个建筑笼罩其中，不但使画面呈现金光闪烁的美丽，更将建筑物的宏大高大表现得淋漓尽致。

在夕阳光线下拍摄的建筑物，对建筑物进行补光，才可以使画面看起来比较亮

◠ 焦距：50mm ◆ 光圈：f/8 ◆ 快门速度：1/250s ◆ 感光度：ISO 125 ◆ 曝光补偿：+0.7 EV ◆ 测光模式：点测光 ◆ 曝光模式：光圈优先

注意发现有特色的建筑灯光

夜间的灯光有很多种颜色，不同颜色的灯光也有不同的性格表现，照在建筑物上会表现出不同的视觉感受。如下图所示，童话般的欧式建筑闪烁着耀眼的紫罗兰色光芒，使建筑物更像是童话王国一般，在蓝色夜空的衬托下散发着魔法般的梦幻魅力。

倒影的加入丰富了画面的元素，使灯光看起来充满流动性

◠ 焦距：20mm ◆ 光圈：f/8 ◆ 快门速度：6s ◆ 感光度 ISO200 ◆ 曝光补偿：+1 EV ◆ 测光模式：点测光 ◆ 曝光模式：光圈优先

CASE 87 利用焦外成像营造带有光斑的梦幻效果

　　焦外成像是指焦点以外虚化部分的成像，也叫虚像或者散焦。若想得到带有光斑的画面效果，应选择手动对焦模式，在转动对焦环的过程中光斑的清晰度和大小都会发生变化。光圈的大小也会对其产生影响，光圈越大，光斑越圆，画面色彩越剔透。需要注意的是，当画面中有实体时，应选择自动对焦模式。

光圈越大，光斑的效果越明显，也越能营造出梦幻的画面效果

　○ 焦距：50mm ◆ 光圈：f/2.8 ◆ 快门速度：1/250s ◆ 感光度：ISO 125 ◆ 曝光补偿：+0.5 EV ◆ 测光模式：点测光 ◆ 曝光模式：光圈优先

CASE 88 利用云雾营造的柔光表现建筑的意境美

　　当雾气较浓时，光线会被雾气柔化。柔和的光线令建筑的明暗过渡均匀，画面的对比度会较低，再配合雾气的朦胧感，非常适合表现寺庙、古建筑等文化韵味较强的建筑。如下图所示，雾气缭绕的画面中，隐约可见古寺的房檐，这种朦胧感映衬着古寺的悠久、神秘，展现了佛像灯影的轻灵飘逸。

蒙蒙的薄雾很好地表现了古寺的特色，利用虚实的对比表现画面的层次

　○ 焦距：50mm ◆ 光圈：f/8 ◆ 快门速度：1/125s ◆ 感光度：ISO 200 ◆ 曝光补偿：0 EV ◆ 测光模式：点测光 ◆ 曝光模式：光圈优先

CASE
89

有特色的建筑剪影

拍摄建筑物剪影时，一定要选择比较有外形特点的才好看。如下图所示，有着很明显外形特点的建筑物，在夕阳的照射下以剪影的形式呈现，前面的雕塑丰富了画面的元素，而天空的云彩也由于减少了曝光补偿而表现得很有层次感。

丰富的剪影也可以构成一幅好看的画面

⌖ 焦距：35mm ◆ 光圈：f/14 ◆ 快门速度：1/500s ◆ 感光度：ISO 100 ◆ 曝光补偿：-1 EV ◆ 测光模式：点测光 ◆ 曝光模式：光圈优先

第 5 章

曝光与用光技巧实战
——动物

小光圈拍摄动物表现环境

拍摄动物时，利用小光圈可以得到较大的景深，从而将画面中的动物和周围环境全部清晰地表现出来。如下图所示，晴朗天空下，利用广角拍摄的骆驼有些夸张变形，小光圈得到大景深的画面，周围的环境也表现得很清晰，画面明亮，主体突出。

环境的纳入，将骆驼的生活场景展现了出来，画面更自然

◑ 焦距：18mm ◆ 光圈：f/8 ◆ 快门速度：1/1600s ◆ 感光度：ISO 400 ◆ 曝光补偿：0 EV ◆ 测光模式：矩阵测光 ◆ 曝光模式：快门优先

CASE 91

大光圈突出体积小的动物

拍摄体积较小的动物时，要尽量靠近拍摄或利用长焦镜头拉近拍摄，使其在画面的面积尽量变大，并结合大光圈得到浅景深，虚化掉杂乱的环境背景。如下图所示，利用长焦镜头和大光圈拍摄的蜜蜂，背景已经被虚化掉，在淡黄色花朵的衬托下，小蜜蜂在画面中得到突出呈现。

拍摄时尽量对准蜜蜂曝光，以得到准确的蜜蜂的画面

☞ 焦距：185mm ✦ 光圈：f/3.2 ✦ 快门速度：1/1000s ✦ 感光度：ISO 400 ✦ 曝光补偿：0 EV ✦ 测光模式：点测光 ✦ 曝光模式：快门优先

CASE 92

大光圈突出动物的表情

由于大光圈可以得到较小的景深，这样就可以虚化掉不需要的细节部分，突出需要重点表现的部分。比如在表现动物表情时，周围的环境甚至是动物面部以外的景象都不需要清晰表达，这时就可以使用大光圈来突出局部细节。如下图所示，摄影师重点突出了猫咪的眼睛，使画面的主题很明确，猫咪明亮的眼神在画面中成为吸引观者目光的中心点。

特写景别配合大光圈拍摄，使猫咪的眼睛和鼻子得到了突显

☞ 焦距：50mm ✦ 光圈：f/2.8 ✦ 快门速度：1/1000s ✦ 感光度：ISO 100 ✦ 曝光补偿：0 EV ✦ 测光模式：点测光 ✦ 曝光模式：光圈优先

高速快门拍摄飞行的动物

CASE 93

鸟的飞行速度较快，为了将飞鸟飞行的姿态捕捉在画面上，需要结合高速快门，并使用较小的光圈，以获得较大的景深画面。同时还要采用连续对焦方式，不但要将飞鸟的姿态真实地表现出来，还要事先做好合适的构图。

以高速快门拍摄，将飞翔中的鸟群清晰地呈现在画面中

☞ 焦距：200mm ◆ 光圈：f/8 ◆ 快门速度：1/1250s ◆ 感光度：ISO 200 ◆ 曝光补偿：0 EV ◆ 测光模式：矩阵测光 ◆ 曝光模式：快门优先

利用倒影表现动物

CASE 94

拍摄动物时，可尽量寻找合适的表现形式，来突出被摄物的美感。如右图所示，摄影师很巧妙地运用倒影来表现海螺，简洁干净的画面使海螺精致的螺纹在画面中被很好地表现出来。

拍摄时为使倒影也清晰，可增加曝光补偿，提亮暗部的亮度

☞ 焦距：100mm ◆ 光圈：f/4 ◆ 快门速度：1/500s ◆ 感光度：ISO 200 ◆ 曝光补偿：+0.7 EV ◆ 测光模式：矩阵测光 ◆ 曝光模式：光圈优先

CASE 91

大光圈突出体积小的动物

　　拍摄体积较小的动物时，要尽量靠近拍摄或利用长焦镜头拉近拍摄，使其在画面的面积尽量变大，并结合大光圈得到浅景深，虚化掉杂乱的环境背景。如下图所示，利用长焦镜头和大光圈拍摄的蜜蜂，背景已经被虚化掉，在淡黄色花朵的衬托下，小蜜蜂在画面中得到突出呈现。

拍摄时尽量对准蜜蜂曝光，以得到准确的蜜蜂的画面

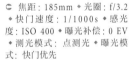

🔁 焦距：185mm ◆ 光圈：f/3.2 ◆ 快门速度：1/1000s ◆ 感光度：ISO 400 ◆ 曝光补偿：0 EV ◆ 测光模式：点测光 ◆ 曝光模式：快门优先

CASE 92

大光圈突出动物的表情

　　由于大光圈可以得到较小的景深，这样就可以虚化掉不需要的细节部分，突出需要重点表现的部分。比如在表现动物表情时，周围的环境甚至是动物面部以外的景象都不需要清晰表达，这时就可以使用大光圈来突出局部细节。如下图所示，摄影师重点突出了猫咪的眼睛，使画面的主题很明确，猫咪明亮的眼神在画面中成为吸引观者目光的中心点。

特写景别配合大光圈拍摄，使猫咪的眼睛和鼻子得到了突显

🔁 焦距：50mm ◆ 光圈：f/2.8 ◆ 快门速度：1/1000s ◆ 感光度：ISO 100 ◆ 曝光补偿：0 EV ◆ 测光模式：点测光 ◆ 曝光模式：光圈优先

高速快门拍摄飞行的动物

鸟的飞行速度较快，为了将飞鸟飞行的姿态捕捉在画面上，需要结合高速快门，并使用较小的光圈，以获得较大的景深画面。同时还要采用连续对焦方式，不但要将飞鸟的姿态真实地表现出来，还要事先做好合适的构图。

以高速快门拍摄，将飞翔中的鸟群清晰地呈现在画面中

○ 焦距：200mm ◆ 光圈：f/8 ◆ 快门速度：1/1250s ◆ 感光度：ISO 200 ◆ 曝光补偿：0 EV ◆ 测光模式：矩阵测光 ◆ 曝光模式：快门优先

利用倒影表现动物

拍摄动物时，可尽量寻找合适的表现形式，来突出被摄物的美感。如右图所示，摄影师很巧妙地运用倒影来表现海螺，简洁干净的画面使海螺精致的螺纹在画面中被很好地表现出来。

拍摄时为使倒影也清晰，可增加曝光补偿，提亮暗部的亮度

○ 焦距：100mm ◆ 光圈：f/4 ◆ 快门速度：1/500s ◆ 感光度：ISO 200 ◆ 曝光补偿：+0.7 EV ◆ 测光模式：矩阵测光 ◆ 曝光模式：光圈优先

CASE 95 拍摄雪地的动物增加曝光补偿

拍摄风雪中的动物并不容易，既要拍摄得清晰，还要保护好摄影器材。如下图所示，在风雪天拍摄的马匹，为了不使画面拍摄出来发灰，应增加1～2挡的曝光补偿，以提亮画面的亮度，使雪和白色的马匹都得到准确曝光。

增加了曝光补偿之后画面很明亮，雪花和马匹都得到真实还原

➲ 焦距：98mm ◆ 光圈：f/7.1 ◆ 快门速度：1/50s ◆ 感光度：ISO 100 ◆ 曝光补偿：+1 EV ◆ 测光模式：矩阵测光 ◆ 曝光模式：快门优先

CASE 96 增加曝光补偿突出天鹅的洁白

拍摄天鹅时，一定要曝光合适以突出天鹅的洁白的外形特点，并选择简单的深色背景，以突出天鹅羽毛的特点。如下图所示，在深色背景下，洁白的天鹅显得非常突出，为了不使天鹅拍出来发灰，应增加曝光补偿，以提亮画面的亮度。

在暗背景的衬托下，天鹅在画面中非常突出

♬ 焦距：125mm ◆ 光圈：f/5 ◆ 快门速度：1/400s ◆ 感光度：ISO 400 ◆ 曝光补偿：+0.3 EV ◆ 测光模式：点测光 ◆ 曝光模式：快门优先

利用点光拍出鸟类的艺术美感

在拍摄鸟儿时，顺光能够表现鸟儿色彩丰富的羽翼，逆光能够表现鸟儿优美的体形，而点光则能够在阴暗、低沉的环境中照亮鸟儿，从而使其在画面中显得格外突出、醒目。当然这种光线是可遇而不可求的，其成因与太阳、云彩、树枝等环境因素的位置有很大关系。

采用这种光线拍摄鸟儿时，应该用点测光针对画面中相对较明亮的鸟儿身体进行测光，或者降低一挡曝光补偿，从而使环境以暗调呈现在画面中，而鸟儿的身体则相对明亮。

以黑色背景拍摄白色的鸟儿，在点光光线下，鸟儿的羽毛细节得到了很好的表现

○ 焦距：500mm ◆ 光圈：f/5.6 ◆ 快门速度：1/640s ◆ 感光度：ISO 400 ◆ 曝光补偿：0 EV ◆ 测光模式：点测光 ◆ 曝光模式：快门优先

夕阳下逆光效果的马匹

夕阳的色温很低，颜色偏暖，太阳照射的角度也较低，所以夕阳下的景色都好似被涂上温馨的色彩，温暖且浪漫。如右图所示，充满趣味的马匹画面，逆光照射过来在马鬃上，形成好看的橘红色，马匹受光一侧的毛发被表现得很清晰。

对着暗部测光，再减低曝光量，使亮部不会曝光过度

○ 焦距：50mm ◆ 光圈：f/2.8 ◆ 快门速度：1/1000s ◆ 感光度：ISO 800 ◆ 曝光补偿：-0.5 EV ◆ 测光模式：矩阵测光 ◆ 曝光模式：快门优先

CASE 99

利用逆光表现昆虫透明的翅膀

在拍摄蜻蜓、蜜蜂这些有透明翅膀的昆虫时，逆光无疑是摄影师最喜爱的光线。在这种光线的照射下，昆虫的轮廓清晰明了，由于翅膀是透明的，因此能够折射光线，从而使画面中的昆虫看上去更生动，别具迷人魅力。另外，逆光还能为昆虫勾勒出漂亮的轮廓光，使画面更耐人寻味。

逆光可以让昆虫半透明的翅膀熠熠生辉

☞ 焦距：85mm ◆ 光圈：f/5.6 ◆ 快门速度：1/250s ◆ 感光度：ISO 100 ◆ 曝光补偿：0 EV ◆ 测光模式：点测光 ◆ 曝光模式：快门优先

CASE 100

利用侧光突出昆虫的立体感

在拍摄类似毛虫、瓢虫等不透明的昆虫时，侧光是最好的光线之一，使用这种光线可以突出昆虫的立体感。

拍摄时要根据光线的方向调整镜头的朝向，并尽量使昆虫的主体处在一个焦平面上，以保证昆虫主体的成像全部是清晰的。

以侧光拍摄在麦穗上休憩的瓢虫，它的身体色彩得到体现的同时还具有立体感，配合背景，让画面有了层次感

☞ 焦距：105mm ◆ 光圈：f/7.1 ◆ 快门速度：1/250s ◆ 感光度：ISO 100 ◆ 曝光补偿：0 EV ◆ 测光模式：矩阵测光 ◆ 曝光模式：光圈优先

CASE 101 强逆光塑造宠物剪影并在身体边缘形成亮边

在逆光环境下拍摄宠物时，可以以剪影的形态进行表现，此时，如果光线足够强烈，还可以在宠物身体的边缘形成漂亮的轮廓光。

拍摄此类照片时要将测光模式调节为点测光，并对画面中较亮的部分测光，然后锁定曝光，重新构图并对焦后即可按下快门拍摄。

较高的色温使整个画面笼罩在偏暖橘色影调中，强烈的逆光勾勒出前景处狗狗的形体线条，整幅画面具有极强的艺术感染力

♪ 焦距: 28mm ◆ 光圈: f/8 ◆ 快门速度: 1/1250s ◆ 感光度: ISO 200 ◆ 曝光补偿: 0 EV ◆ 测光模式: 点测光 ◆ 曝光模式: 快门优先

CASE 102 逆光下拍摄毛毛虫的轮廓光

拍摄有绒毛的动物时，逆光是最好的表现方式之一，可以拍摄出绒毛丝丝分明的感觉。如下图所示，逆光拍摄的毛毛虫在黑背景的衬托下，毛毛虫的绒毛被表现得清晰明了，画面中的虫子绒毛好像发光一样，亮丽、突出。

利用简单的背景突出细节较多的毛毛虫

◐ 焦距：150mm ◆ 光圈：f/7.1 ◆ 快门速度：1/250s ◆ 感光度：ISO 200 ◆ 曝光补偿：-0.3 EV ◆ 测光模式：点测光 ◆ 曝光模式：快门优先

逆光下表现毛毛虫的绒毛感，与暗背景形成高反差

没有太多细节的暗背景，正好衬托逆光打亮的部分

逆光拍摄动物的半透明感

逆光拍摄动物总有意想不到的视觉效果。如左图所示，逆光拍摄的螳螂，光从螳螂的后侧方照过来，使螳螂看起来有种透明的感觉，在黑色的背景的衬托下尤其突出，引人注目。

在逆光的照射和黑色背景的衬托下，螳螂好像透明一般，画面很有创意

⊃ 焦距：150mm ✦ 光圈：f/7.1 ✦ 快门速度：1/160s ✦ 感光度：ISO 400 ✦ 曝光补偿：-0.3 EV ✦ 测光模式：点测光 ✦ 曝光模式：快门优先

侧光表现猫咪的五官

侧光可以让猫咪的面部产生一定阴影，从而令五官更有立体感。如下图所示，侧面照过来的光线在暗背景的衬托下，小猫咪的毛发跟五官很分明，给人感觉很精致。

⊃ 焦距：120mm ✦ 光圈：f/4 ✦ 快门速度：1/250s ✦ 感光度：ISO 400 ✦ 曝光补偿：-0.3 EV ✦ 测光模式：中央重点测光 ✦ 曝光模式：光圈优先

对准中灰部测光，使猫咪的受光面和背光面都得到准确的曝光。

硬光表现瓢虫光滑的外壳

硬光画面的影调会比较生硬，很难表现出被摄主体的丰富层次。而采用硬光拍摄动物，可将其外壳的光滑感觉真实地再现出来，通过光影的对比及明暗的反差突出瓢虫外壳的质感，使画面更加真实生动。

用前侧光或侧光拍摄瓢虫，可以在其外壳处形成高光反光点，突出其光洁坚硬的外壳，还可以表现瓢虫的立体感

⌀ 焦距：200mm ◆ 光圈：f/5.6 ◆ 快门速度：1/100s ◆ 感光度：ISO 200 ◆ 曝光补偿：0 EV ◆ 测光模式：点测光 ◆ 曝光模式：光圈优先

冷调拍摄动物艺术感十足

冷调的画面有种空旷悠远、宁静的视觉感受。如下图所示,画面整体呈现蓝色的冷色调,有种朦胧的感觉。风雪中,走在水里的麋鹿,好似童话中走出的灵兽,神秘而梦幻。这幅作品看起来像一幅科幻照片,拍摄时可降低曝光,使画面的色彩更浓郁。

拍摄走动的动物时,要提前想好构图,
为麋鹿走向的前方留出空间

⊙ 焦距: 200mm ◆ 光圈: f/5.6 ◆ 快门速度: 1/100s ◆ 感光度: ISO 200 ◆ 曝光补偿: 0 EV ◆ 测光模式: 点测光 ◆ 曝光模式: 快门优先

利用暖调营造温馨画面

CASE 107

暖调的画面给人温暖的感受。如下图所示，夕阳下被处理成近似剪影的天鹅，优雅的弯曲的脖子在画面中形成好看的弧度，被夕阳染成淡淡金黄色的水面泛起阵阵涟漪，整个画面都弥漫着优雅、宁静的美丽。

如果将天鹅拍摄为剪影效果，水面的反光将会表现得更完美。但为了能看到天鹅的一些细节，摄影师增加了0.5EV曝光补偿

↻ 焦距：400mm ◆ 光圈：f/4 ◆ 快门速度：1/500s ◆ 感光度：ISO 200 ◆ 曝光补偿：+0.5 EV ◆ 测光模式：点测光 ◆ 曝光模式：快门优先

低调画面的飞鸟形式感很强

CASE 108

低调画面的强对比往往能让动物摄影产生陌生感，进而吸引观者的眼球。如下图所示，全黑的背景下，洁白的飞鸟好似黑色绒布上的白色珍珠一样，以优美的姿态戏水、翱翔，简洁的画面元素使画面具有强烈的形式美感。

越简单的画面越吸引人，这就是摄影"减法"的魅力

↻ 焦距：300mm ◆ 光圈：f/8 ◆ 快门速度：1/640s ◆ 感光度：ISO 500 ◆ 曝光补偿：0 EV ◆ 测光模式：点测光 ◆ 曝光模式：快门优先

CASE 109　高调拍摄白色的猫咪

　　高调的画面大多干净、简洁，尤其是拍摄白色的动物，比如猫咪，适当增加曝光补偿拍摄高调照片可以让五官更突出，并且富有形式美感。如下图所示，特写的白色猫咪，画面简洁、明亮，没有过多杂乱的元素，形成高调的画面，这样的表达方式很符合猫咪高贵、孤傲的性情特点，画面中仅突出了猫咪的脸部，浅色的眼睛和粉色的鼻子成为了画面的焦点。

增加曝光补偿后，猫咪的白色毛发被真实还原

☾ 焦距：300mm ◆ 光圈：f/4 ◆ 快门速度1/250s ◆ 感光度：ISO 200 ◆ 曝光补偿：+0.7 EV ◆ 测光模式：矩阵测光 ◆ 曝光模式：光圈优先

CASE 110　中间调拍摄家中的狗很温馨

　　中间调的画面中没有突兀的色彩和亮度，都是在人们适应的范围之内，所以画面看起来朴实、温馨，很有亲切感，尤其适合表现家中的宠物。如下图所示，利用侧光表现家中的狗狗，画面中没有很强烈的明暗对比，但侧光的照射又使画面的景物都很有立体感，画面真实，给人感觉很温馨。

在自然光线下拍摄的狗狗光线均匀，按照测光得到的数值进行拍摄即可

☾ 焦距：50mm ◆ 光圈：f/4 ◆ 快门速度：1/250s ◆ 感光度：ISO 125 ◆ 曝光补偿：+0 EV ◆ 测光模式：中央重点测光 ◆ 曝光模式：光圈优先

CASE 111

大光比拍摄剪影的水鸟

逆光可勾勒出被摄体的轮廓，利用这样的方式拍摄水里的鸟类，可以突出鸟儿的外形特点。当画面中是几只鸟儿一起时，还可以因排列的不同形成高低不同的节奏感。如下图所示，一排鸟儿在水中，对准亮部测光，形成大光比的剪影画面，有种自然、生动的美丽。

剪影合适突出被摄体的形态特征，所以拍摄时应该寻找比较有外形特征的被摄体

🎞 焦距：400mm ◆ 光圈：f/9 ◆ 快门速度：1/200s ◆ 感光度：ISO 400 ◆ 曝光补偿：+0.3 EV ◆ 测光模式：点测光 ◆ 曝光模式：快门优先

CASE 112 拍摄小动物尽量不要开启闪光灯

闪光灯关闭模式可避免在拍摄过程中闪光灯自动开启而影响画面效果，尤其是拍摄动物时闪光灯会惊吓到动物，为了不影响拍摄，需要强制关闭闪光灯再进行拍摄。关闭闪光灯后，需要注意拍摄环境中的光线条件。在暗光环境下，如不开启闪光灯，要保证画面准确曝光，就需要适当调节感光度，以使主体在画面中清晰可见。

关闭闪光灯拍摄的画面，小老鼠在画面中真实、自然

☞ 焦距：200mm ◆ 光圈：f/7.1 ◆ 快门速度：1/80s ◆ 感光度：ISO 200 ◆ 曝光补偿：0 EV ◆ 测光模式：点测光 ◆ 曝光模式：快门优先

CASE 113 利用眼神光表现动物的可爱

拍摄动物时，可通过眼睛表现动物的内心世界，所以要准备好相机随时抓拍，将焦点对准眼睛，往往能获得不错的画面效果。捕捉动物的眼神时，还要结合现场的光线展现出动物的灵性。眼神光是最能突显神态的，眼神光的恰当运用可使拍摄出的动物更加传神，突出动物的形态特点。

为使画面看起来更加明亮，突出动物灵性的感觉，可增加曝光补偿，提高画面亮度

☞ 焦距：70mm ◆ 光圈：f/5.6 ◆ 快门速度：1/200s ◆ 感光度：ISO 200 ◆ 曝光补偿：+0.7 EV ◆ 测光模式：矩阵测光 ◆ 曝光模式：快门优先

第 6 章

曝光与用光技巧实战
——植物

CASE 114 利用大光圈突出花朵的细节

通常利用大光圈可以得到小景深的画面，突出想要表现的部分，虚化没必要的部分。如下图所示，利用长焦镜头结合大光圈拍摄的花卉的局部，斜射的光线使画面明暗对比明显，突出了花卉细部纹理。

因为重点是表现花瓣，所以采用了开放式构图，在大光圈的作用下，背景被虚化，凸显出了花瓣的纹理

◐ 焦距：100mm ◆ 光圈：f/2.8 ◆ 快门速度：1/500s ◆ 感光度：ISO 200 ◆ 曝光补偿：0 EV ◆ 测光模式：点测光 ◆ 曝光模式：光圈优先

CASE 115 小光圈拍摄花海

想要得到大景深的清晰画面，通常选择较小的光圈。如下图所示，利用广角结合小光圈拍摄的大景深的画面，利用纯净的蓝天作为背景，衬托黄色的花地，使画面更添明亮的感觉，画面看起来清新、明了。

在顺光照射下的画面中几乎没有阴影，颜色看起来很漂亮

◐ 焦距：18mm ◆ 光圈：f/8 ◆ 快门速度：1/640s ◆ 感光度：ISO 200 ◆ 曝光补偿：0 EV ◆ 测光模式：矩阵测光 ◆ 曝光模式：光圈优先

用小光圈捕捉树隙中的光线

对于透过树林的光线，可以使用小光圈进行捕捉，光圈越小，光线的效果越明显。如果用变焦镜头在使用长焦端时可以使用更小的光圈，因此不妨切换至长焦端进行拍摄。但要注意的是，大多数镜头在使用小于f/16的光圈后，成像质量基本都会有所下降，因此在使用时应特别慎重。

使用小光圈捕捉到的光线效果。当然对这幅照片来说，又在后期处理中使用了Photoshop对光线进行了强化处理

⊙ 焦距: 40mm ◆ 光圈: f/16 ◆ 快门速度: 1/640s ◆ 感光度: ISO 200 ◆ 曝光补偿: -0.7 EV ◆ 测光模式: 点测光 ◆ 曝光模式: 光圈优先

增加曝光表现树木和天空

当画面中利用天空为背景时，由于天空的亮度较高，明暗对比过大，会使其中一方细节损失过多，这时就要对较暗的一方补光。如下图所示，仰视拍摄的树木使树木看起来高大挺拔，摄影师进行了曝光补偿，提亮了树木的亮度，缩小了画面反差，使画面看起来曝光合适。

利用仰视的角度拍摄的树木，进行曝光补偿后，画面的明暗反差缩小了

☾ 焦距：24mm ◆ 光圈：f/8 ◆ 快门速度：1/125s ◆ 感光度：ISO 100 ◆ 曝光补偿：+0.3 EV ◆ 测光模式：矩阵测光 ◆ 曝光模式：光圈优先

减少曝光使花卉色彩浓郁

通常在拍摄彩色的花卉时可减少曝光量，以得到色彩浓郁的画面。如下图所示，画面中的拍摄环境比较繁杂，利用减少曝光补偿的方式压暗不利的环境元素，避免了繁杂的环境破坏画面效果，还突出了花卉浓郁的颜色。

适当减少曝光补偿后，花朵的颜色更浓郁，细节更明显

☾ 焦距：50mm ◆ 光圈：f/3.2 ◆ 快门速度：1/400s ◆ 感光度：ISO 200 ◆ 曝光补偿：-0.3 EV ◆ 测光模式：点测光 ◆ 曝光模式：光圈优先

让黄色花卉色彩更亮丽

颜色在彩色照片里非常重要，尤其拍摄花卉时，颜色的表现就更重要了。如下图所示，黄色的花朵在画面中显得很突出，由于黄色在众多的色彩中属于比较亮丽的颜色，所以在拍摄时，为了使黄色更加亮丽，应增加一挡曝光补偿，这样画面看起来会更加清新、亮丽。

增加了一挡曝光补偿后，画面的颜色变得更加鲜艳亮丽

☝ 焦距：50mm ◆ 光圈：f/5.6 ◆ 快门速度 1/640s ◆ 感光度：ISO 100 ◆ 曝光补偿：+1 EV ◆ 测光模式：点测光 ◆ 曝光模式：光圈优先

拍摄白色花卉增加曝光补偿还原真实感

根据"白加黑减"的原则，在拍摄白色的花朵时也要增加曝光补偿，以免拍摄出来的白色花朵发灰。如下图所示，通过增加了曝光补偿之后的白色花朵在画面中很突出，表现得很真实，避免了画面曝光不足而导致花朵黯然失色的情况。

增加了曝光补偿的花朵真实地呈现在了画面上

☝ 焦距：105mm ◆ 光圈：f/5 ◆ 快门速度 1/200s ◆ 感光度：ISO 100 ◆ 曝光补偿：+07 EV ◆ 测光模式：点测光 ◆ 曝光模式：光圈优先

CASE 121 顺光下的花卉色彩饱满

顺光的画面阴影较少，是因为光线照射方向和相机的拍摄方向一致，画面中明暗对比较小，影调平淡柔和，能更好地表现画面的色彩，使花卉看起来色彩饱满。

顺光的花卉看起来色调柔和，色彩饱满

☞ 焦距：200mm ◆ 光圈：f/5.6 ◆ 快门速度：1/640s ◆ 感光度：ISO 100 ◆ 曝光补偿：-0.3 EV ◆ 测光模式：点测光 ◆ 曝光模式：光圈优先

CASE 122 侧光突出花卉的立体感

侧光的画面明暗对比明显，有明显的受光面和背光面，可表现花卉的立体感。如下图所示，侧光拍摄的花卉画面的影调很丰富，花卉的立体感也很明显，而花卉的形态特点也表现出来了。

侧光下，花朵的层层花瓣都被表现得很好，为了暗部细节不丢失，可以使用中央重点测光模式进行测光

☞ 焦距：85mm ◆ 光圈：f/2.8 ◆ 快门速度：1/1000s ◆ 感光度：ISO 100 ◆ 曝光补偿：+0.7 EV ◆ 测光模式：中央重点测光 ◆ 曝光模式：光圈优先

CASE 123

逆光时选择暗背景突出干草的半透明感

平日里常见的枯草也可以通过光影的照射拍摄出美感来。如下图所示，逆光拍摄的干草结合大光圈虚化了杂乱的背景，简洁的背景突出了枯草的形态，逆光照射下干草呈现出半透明状，在暗背景的衬托下非常突出。

利用好光影特点，可以有化腐朽为神奇的作用

 焦距：50mm 光圈：f/3.5 快门速度：1/500s 感光度：ISO 200 曝光补偿：−0.3 EV 测光模式：中央重点测光 曝光模式：光圈优先

几乎失去细节的暗部

逆光下，枯草在暗背景的衬托下呈半透明状

CASE 124 细腻的影调突出花卉的细节

影调越细腻说明画面的反差越小，细节丢失越少，画面看起来给人感觉很温馨、平和。如右图所示，散射光下拍摄的花卉，画面中没有明显的明暗对比，反差较小，由于没有阴影面，颜色看起来非常柔和。

在散射光下拍摄的花卉，按照矩阵测光得到的数值，进行拍摄即可

⊃ 焦距：50mm ◆ 光圈：f/1.8 ◆ 快门速度：1/1250s ◆ 感光度：ISO 200 ◆ 曝光补偿：0 EV ◆ 测光模式：矩阵测光 ◆ 曝光模式：光圈优先

CASE 125 逆光表现树木形态美

逆光时，如果对准亮部测光，可得到剪影的效果，剪影可以很好地表现树木的形态美。表现有特色的树木时，常常使用这样的拍摄方法。拍摄剪影画面的最佳时段通常都是在黄昏时分，这个时段的太阳较低，有利于表现被摄体的轮廓造型，有很强的视觉冲击力。

树木以剪影效果呈现在画面上，展现出树木的形态特点

⊙ 焦距：20mm ◆ 光圈：f/5.6 ◆ 快门速度：1/125s ◆ 感光度：ISO 100 ◆ 曝光补偿：0 EV ◆ 测光模式：点测光 ◆ 曝光模式：手动

散射光拍摄花卉色彩真实

CASE
126

利用散射光拍摄的画面没有明显的阴影，植物本身的色彩和细节都可以得到很好的表现，如果加上深色背景衬托，主体会更加突出。拍摄时可在相机上加一块白卡纸用来反射闪光灯的光线，从而得到散射光。

在闪光灯上增加纸板，从而将闪光灯偏硬的光线反射为柔和的散射光

☊ 焦距：100mm ◆ 光圈：f/8 ◆ 快门速度：1/80s ◆ 感光度：ISO 100 ◆ 曝光补偿：0 EV ◆ 测光模式：矩阵测光 ◆ 曝光模式：光圈优先

CASE 127

直射强光让树叶更加鲜艳

直射阳光通常会损失一定的色彩，但如果是清晨或夕阳这种带有一定色温的光线照射在植物上时，则可以起到一定的色彩强化作用。充分利用这种直射光线，可以拍摄到媲美逆光环境下的透明叶子效果。

直射的阳光让叶子显得非常明亮，近乎一种透明感

 焦距：85mm 光圈：f/8 快门速度：1/800s 感光度：ISO 200 曝光补偿：0 EV 测光模式：点测光 曝光模式：快门优先

CASE 128

用侧光突出树木的立体感

　　侧光是所有光线中最容易塑造出画面立体感的光线，大致可以分为前侧光、侧光与侧逆光三种，其中侧光形成的阴影区域相对其他两种较为均匀一些，通常使用这种光线拍摄树木，就能够通过树木的明暗表现出较强的立体感。

在侧光环境下，树干和树枝等对象都拥有非常清晰的立体感

　　焦距：30mm ◆ 光圈：f/11 ◆ 快门速度：1/500s ◆ 感光度：ISO 200 ◆ 曝光补偿：+0.3 EV ◆ 测光模式：矩阵测光 ◆ 曝光模式：光圈优先

林间的顶光可以塑造大面积的透明树叶

当太阳升得较高时，光线从顶部照射进树林中，此时可能形成顶部的树叶被照射成为半透明状的效果，在拍摄时，可以适当降低一些曝光补偿，来表现这种半透明的树叶。

"高高在上"的太阳光，让树顶的叶子呈现出漂亮的半透明效果

○ 焦距：70mm ◆ 光圈：f/9 ◆ 快门速度：1/320s ◆ 感光度：ISO 200 ◆ 曝光补偿：-0.3 EV ◆ 测光模式：矩阵测光 ◆ 曝光模式：光圈优先

CASE 130

以逆光在地面上的阴影突显树木的高大和画面的空间感

日出或夕阳时的太阳光线，由于角度较低，因此在照射到树木上时能够形成非常长的投影。充分利用这一特点，可以形成放射状的投影画面效果，增加画面的视觉冲击力。

一排排椰子树被逆光的太阳以低角度拍摄，形成长长的放射状投影

∩ 焦距：21mm ◆ 光圈：f/11 ◆ 快门速度：1/40s ◆ 感光度：ISO 200 ◆ 曝光补偿：+0.3 EV ◆ 测光模式：点测光 ◆ 曝光模式：光圈优先

利用高强度的逆光为树上色

在太阳尚未落山时，其光照强烈依然很高，此时如果把将植物以恰当的构图置于太阳的前面或附近，可以形成树木半明半暗的前景效果，并被染上环境的色彩。推荐将白平衡设置成为"阴影"，以获得强烈的暖调效果。

强烈的夕阳光位于树的后面，使几棵树都"涂"上了一层环境色，并仍然保留了剪影效果，整体非常漂亮

⊃ 焦距：150mm ◆ 光圈：f/20 ◆ 快门速度：1/80s ◆ 感光度：ISO 100 ◆ 测光模式：点测光 ◆ 曝光模式：光圈优先

利用暗背景突出花卉

花朵的颜色通常都较浅，适合利用深色背景来表现，选择合适的拍摄背景是表现拍摄意图的重要手段。通常简单的背景有利于突出被摄体。如下图所示，在单一的黑色背景上点缀着白色的菊花，画面看起来简洁大方，花朵在画面中很突出。

黑色背景时，为使花朵得到准确的曝光，利用点测光对准花朵进行曝光

⊃ 焦距：85mm ◆ 光圈：f/8 ◆ 快门速度：1/125s ◆ 感光度：ISO 200 ◆ 曝光补偿：0 EV ◆ 测光模式：点测光 ◆ 曝光模式：快门优先

CASE 133 利用偏振镜使花卉色彩更加纯净

偏振镜可以减小和消除非金属表面的反光，从而减小画面的反差，因此不仅可以用在风景摄影中，还可用在植物的摄影中。如下图所示，使用了偏振镜后的画面减少了周围环境对画面的影响，缩小了画面的反差，画面看起来自然、纯净。

利用偏振镜表现出荷花出淤泥而不染的纯净美感

⌒ 焦距：50mm ◆ 光圈：f/5.6 ◆ 快门速度：1/400s ◆ 感光度：ISO 200 ◆ 曝光补偿：+0.7 EV ◆ 测光模式：点测光 ◆ 曝光模式：光圈优先

CASE 134 使树叶呈现半透明效果的光线

拍摄树叶时，通常利用逆光来表现其半透明感。逆光是摄影中常用的光线，也是难把握的光线，通常容易将主体拍摄得过暗，所以拍摄时应增加曝光补偿，以提亮画面的亮度，突出被摄主体。

在逆光的照射下，树叶呈现半透明状，主题轮廓得到了清晰的呈现

⌒ 焦距：148mm ◆ 光圈：f/3.5 ◆ 快门速度：1/250s ◆ 感光度：ISO 400 ◆ 曝光补偿：+0.7 EV ◆ 测光模式：矩阵测光 ◆ 曝光模式：光圈优先

利用眩光得到有艺术效果的画面

植物的生长本来就需要阳光，因此在花卉拍摄中加入眩光，可以让画面中的花卉显得生机勃勃。如下图所示，摄影师从花朵背面拍摄，眩光使整个画面看起来如梦似幻，黄色的花朵在这样的光线氛围中显示出一种清新、淡雅的朦胧美感。

利用大光圈，虚化了背景突出了主体，眩光制造出一种梦幻的美感

⊙ 焦距：200mm ◆ 光圈：f/3.5 ◆ 快门速度：1/50s ◆ 感光度：ISO 100 ◆ 曝光补偿：0 EV ◆ 测光模式：点测光 ◆ 曝光模式：光圈优先

CASE 136 利用侧光拍摄蘑菇很有立体感

拍摄小体积的蘑菇时要利用长焦镜头结合大光圈去除杂乱的背景，以突出蘑菇，利用侧光拍摄还可以突出蘑菇的立体感。如下图所示，侧光照射下的蘑菇纹理表现得很明显，明显的明暗对比也把蘑菇的立体感表现出来。

🎧 焦距：200mm ◆ 光圈：f/7.1 ◆ 快门速度：1/80s ◆ 感光度：ISO 200 ◆ 曝光补偿：0 EV ◆ 测光模式：点测光 ◆ 曝光模式：光圈优先

在强烈的侧光下，画面中被摄物亮部的纹理被表现得很明显

CASE 137 明暗相间时可增强画面的空间感

明暗对比不仅可表现被摄体的质感，还可制造空间感，使画面看起来通透。当画面亮度差异较小时，画面会显得拥挤。所以无论是暗背景衬托较亮的被摄体，或是亮背景衬托较暗的物体，由于明暗的对比，都可使画面更具空间感。所以在安排背景时，应选择明暗相间的背景，借助明暗对比来打破画面的沉闷。

⊙ 焦距：154mm ◆ 光圈：f/5.6 ◆ 快门速度：1/400s ◆ 感光度：ISO 250 ◆ 曝光补偿：+0.3 EV ◆ 测光模式：点测光 ◆ 曝光模式：光圈优先

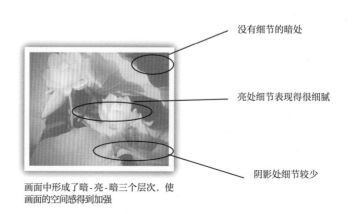

没有细节的暗处

亮处细节表现得很细腻

阴影处细节较少

画面中形成了暗-亮-暗三个层次，使画面的空间感得到加强

利用点测光拍摄暗背景低调花卉

当花卉受光线照射较亮，而背景较暗时，利用点测光，并对花卉的亮部进行测光，可以拍摄出暗背景的花卉照片。如果背景与花卉的明暗对比十分明显，甚至可以拍摄出纯黑的背景。

当然，也可以带一块黑色的背景布放在花卉的后方进行拍摄。

黑色背景下，画面内容更为纯粹，配合对称式的构图进行表现，给人的视觉冲击力更强

℃ 焦距：200mm ◆ 光圈：f/5.6 ◆ 快门速度：1/1250s ◆ 感光度：ISO 200 ◆ 曝光补偿：0 EV ◆ 测光模式：点测光 ◆ 曝光模式：光圈优先

利用星光镜将植物上的水珠拍出特殊效果

在拍摄植物时，花瓣或者叶片上的水珠是摄影爱好者喜爱表现的主题之一，可以为植物摄影添加一份灵动和通透，在拍摄水珠时，可利用星光镜制造不一样的画面效果。如下图所示，利用大光圈拍摄的画面虚实对比，水珠得到突出表现。晶莹的水珠在加了星光镜之后，水珠呈现出星光般的效果，好似一颗颗晶莹剔透的珍珠，在暗背景的衬托下，看起来璀璨夺目。

为了不使画面显得单调，可利用各种滤镜进行拍摄，会得到不一样的画面效果

℃ 焦距：105mm ◆ 光圈：f/9 ◆ 快门速度：1/125s ◆ 感光度：ISO 200 ◆ 曝光补偿：0 EV ◆ 测光模式：矩阵测光 ◆ 曝光模式：光圈优先

利用低调画面表现绿植上晶莹剔透的水珠

在拍摄绿植时，很多摄友喜欢在其表面人为地喷洒上水珠，从而为画面增添一份灵动。但往往由于光线的原因，导致水珠并不突出，达不到满意效果，这时就可以通过增加黑色背景，或者利用闪光灯来营造强烈的明暗反差，从而营造低调画面进行拍摄，让反光率较高、较明亮的水珠从中突显出来。如下图所示，摄影师以黑色背景衬托拍摄绿叶上的水珠，黑背景下的绿叶显得清新、干净，其上的水珠在绿叶及背景的衬托下更是晶莹剔透，仿佛充满活力，给人以清新、明朗的视觉感受。

⊙ 焦距: 100mm ◆ 光圈: f/10 ◆ 快门速度: 1/250s ◆ 感光度: ISO 200 ◆ 曝光补偿: -0.3 EV ◆ 测光模式: 点测光 ◆ 曝光模式: 光圈优先

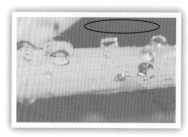

要想拍出色彩浓郁的感觉，可减少曝光补偿

第 7 章

曝光与用光技巧实战
——静物

使用大光圈让陪体虚化

在拍摄静物照时往往需要布置陪体来丰富画面，为了不让陪体太引人注目掩盖了主体，可以使用大光圈进行拍摄，从而将陪体虚化。

如左图所示，拍摄者利用相同的食品作为陪衬，如果不将其虚化，主体就会被大量雷同的景物所掩盖。但利用大光圈虚化陪体后，不但突出了主体，还让整个场景非常协调、自然。

使用大光圈虚化陪体可以有效突出主体，如果主体离镜头更近一点，虚化效果会更好

☻ 焦距：50mm ✦ 光圈：f/2.8 ✦ 快门速度：1/100s ✦ 感光度：ISO 200 ✦ 曝光补偿：+0.7 EV ✦ 测光模式：矩阵测光 ✦ 曝光模式：光圈优先

使用小光圈让美食清晰

拍摄美食的时候，如果想在一张照片中拍摄多种食物，并且让它们都清晰，需要使用小光圈进行拍摄。光圈越小，景深越大，画面清晰的范围也就越大。

如右图所示，为了让前景的桂圆和作为主体的圆盘中的食物都比较清晰，就需要使用较小的光圈，并且镜头的焦距也尽量使用偏广角的一端。从实际拍摄效果来看，桂圆虽然略有模糊，但盘子中的食物从面包到橙子都是非常清晰的。

画面中的景物都清晰的情况下要注意其布局，陪体不要影响主体的表达

☻ 焦距：28mm ✦ 光圈：f/8 ✦ 快门速度：1/150s ✦ 感光度：ISO 100 ✦ 曝光补偿：0 EV ✦ 测光模式：矩阵测光 ✦ 曝光模式：光圈优先

白色背景要增加曝光补偿

CASE 143

拍摄静物照时，其背景通常都是摄影师自己选择的。白色背景以其简洁、干净的特点，被广泛应用于静物拍摄中。

由于相机在拍摄白色背景画面时，会误以为场景很明亮，因此自动给出的曝光量往往会偏低，导致白色背景发灰，主体曝光不足。而适当提高曝光补偿后，白色的背景才能呈现出洁白、干净的效果，主体也会得到正常的曝光。

在增加曝光补偿后，雪地才能表现出其本有的纯净感

⊃ 焦距：70mm ◆ 光圈：f/4 ◆ 快门速度：1/200s ◆ 感光度：ISO 100 ◆ 曝光补偿：+0.7 EV ◆ 测光模式：矩阵测光 ◆ 曝光模式：光圈优先

利用倒影表现被摄体

CASE 144

拍摄静物时，可以利用倒影的手法丰富画面的元素。如下图所示，在干净光亮的台子上清晰地呈现小汽车的倒影，后面打过来的光使背景较亮，与前面较深的颜色对比，加强了画面的横向空间感，而倒影的加入则加深了画面的纵向空间。

倒影的虚更衬托出了被摄体的实

⊃ 焦距：55mm ◆ 光圈：f/9 ◆ 快门速度：1/125s ◆ 感光度：ISO 100 ◆ 曝光补偿：0 EV ◆ 测光模式：点测光 ◆ 曝光模式：光圈优先

利用侧光表现物体质感

侧光的画面有明显的明暗交界线，受光面有高光，背光面有反光。如下图所示，一组化妆品的瓶子，在灯光的照射下晶莹剔透，显得极为精致。侧面射来的光线，受光面和背光面有明显区别，增强了被摄体的立体感，同时，打亮的背景也拉伸了画面的空间感。

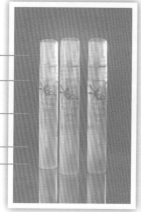

明暗的对比突出了被摄体晶莹剔透的感觉，背景的打亮也表现出了画面的空间感

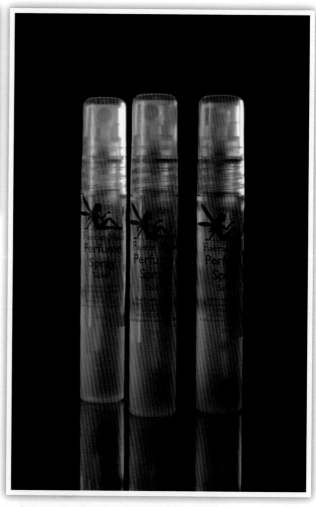

☊ 焦距：55mm ◆ 光圈：f/8 ◆ 快门速度：1/125s ◆ 感光度：ISO 100 ◆ 曝光补偿：0 EV ◆ 测光模式：中央重点测光 ◆ 曝光模式：手动模式

逆光表现玻璃的透明感

逆光是指被摄体置于相机和光线中间的一种拍摄方式，在拍摄透明物体时可以形成黑线条。利用逆光比较容易表现玻璃透明的质感特点，如下图所示，利用打亮的背景透过杯子的视觉效果，杯壁出现黑线条，杯身则通过高光表现透明感。

运用逆光的拍摄手法，很好地表现了玻璃制品的质感，有通透感

⌔ 焦距：180mm ◆ 光圈：f/8 ◆ 快门速度：1/125s ◆ 感光度：ISO 100 ◆ 曝光补偿：0 EV ◆ 测光模式：点测光 ◆ 曝光模式：手动模式

逆光拍出"热气腾腾"的美食

有些美食在掀开锅盖或者是刚刚端上餐桌的那一刻会有浓浓的蒸汽飘散出来。抓住这一刻进行拍摄会为美食照片增色不少。但要注意选择逆光或者侧逆光的拍摄角度才能有较好的"热气腾腾"的效果。

如下图所示，蒸汽让美食有一种若隐若现的感觉，给观者以意境美。正是由于窗外的侧逆光使蒸汽尤为突出，并使锅中的粽子表面出现明暗对比，立体感更强，从而呈现出粽子"热气腾腾"的即视感。

逆光和侧逆光是最适合表现水蒸气、烟雾等景象的光线方向

⊙ 焦距：100mm ◆ 光圈：f/11 ◆ 快门速度：1/125s ◆ 感光度：ISO 100 ◆ 曝光补偿：0 EV ◆ 测光模式：点测光 ◆ 曝光模式：手动模式

光影也能做画框

CASE
148

在拍摄静物时可以利用光影作为画框，起到框式构图的作用，突出主体，而且还会让静物照充满生活气息。如下图所示，从窗台照射下来的光线和阴影在地板上形成了一个不规则的画框，左侧的植物倒影则是这个画框的点睛之笔，在突出主体的同时很好地引导观者对画面之外景物的联想。

看到这张照片就会让人联想到种满花草的阳台和户外明媚的阳光，通过主体的拖鞋，可以看出拍摄者对这种美好生活的珍惜和享受。

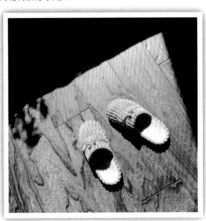

利用光影形成的画框让画面看上去更自然

⊃ 焦距：50mm ◆ 光圈：f/8 ◆ 快门速度：1/250s ◆ 感光度：ISO 100 ◆ 曝光补偿：0 EV ◆ 测光模式：点测光 ◆ 曝光模式：光圈优先

CASE
149

利用柔和的光线拍摄小清新风格静物

小清新类照片深受广大摄友的喜爱，主要是这类照片让人看了很放松。该类照片的一大特点就是阴影很少，因此最好使用柔和的光线拍摄，比如透过白色窗帘的自然光就非常合适。

如下图所示，柔和的光线使得画面中几乎没有阴影，以此来表现颇有文艺范的小清新风格照片。

小清新照片的特点之一就是没有明显的阴影

⊃ 焦距：50mm ◆ 光圈：f/5.6 ◆ 快门速度：1/125s ◆ 感光度：ISO 100 ◆ 曝光补偿：+0.3 EV ◆ 测光模式：矩阵测光 ◆ 曝光模式：光圈优先

营造明暗反差突出主体

在室内拍摄静物时，可以利用黑色的背景，或者利用闪光灯营造出主体与背景的明暗反差，起到突出主体的作用。

如下图所示，利用光线将黄色的花卉照亮，并在后方布置黑色的背景，包括被摄者的衣服也是黑色的，就是为了能够突出亮黄色的花卉。

强烈的明暗对比使得观者一眼
就看到黄色的花卉

⚲ 焦距：80mm ◆ 光圈：f/5.6 ◆ 快门速度：1/300s ◆ 感光度：ISO 100 ◆ 曝光补偿：0 EV ◆ 测光模式：点测光 ◆ 曝光模式：光圈优先